U0163063

烘焙大师 小山进的 西餐与甜点

日本五连冠甜点大师

【日】小山进 著

中国轻工业出版社

小山进

小山进是日本最顶尖的甜点烘焙大师之一。在兵库县三田市，他开设了属于自己的店铺——小山进的甜品王国。从2013年起，他开始担任Kiri奶油芝士大赛的评委。

在法国最权威的巧克力爱好者团体C.C.C.（Club des Croqueurs de Chocolat）举办的年度大赛中，小山进自2011年首次参赛以来，已经连续8年获得该比赛的最高奖项。
2019年，C.C.C认可小山进为全世界Top100的巧克力甜点师之一。

小山进大师的创意不只体现在烘焙甜点和巧克力制作方面，他还撰写过儿童教育方面的书籍，同时积极参加有关教师和儿童等讨论议题的会议。

就请跟随本书，走进小山进的美食王国吧！

来自世界顶级烘焙大师的序言

Kiri®深受世界各地消费者的喜爱。
它由乡间牧场精心饲养的奶牛所生产的牛奶和奶油制作而成。

当我在创作和拍摄这本食谱集的时候，也是在日本乡间的工作室里工作，
享受着大自然的微风。

Kiri奶油芝士有着非常广泛的适用性。它有着鲜明的特点：奶香、酸味和
咸味的完美平衡，而它同样也能与其他食材融合得很好，带来丰富多样的
味道和口感。
牛奶、奶油、黄油、Kiri奶油芝士，这些非常好吃的乳制品，在每个人的
冰箱中都应该享有一席之地。

在这本食谱集中，我用Kiri奶油芝士开发出了32道不同的原创食谱。它们
不仅足够好吃，也加入了一些专业烹饪技术的使用。
而想想尝到这足够好吃的味道，首先要从正确地称量你的原料食材
开始。

当你一旦尝到了Kiri奶油芝士独特的味道，你在烹饪方面的想象力一定会
被大大激发出来！我希望你能够尽情享受它所带来的这一无限美妙的味觉
世界。

如果你可以为家人和爱人烹制这些食谱，或是尽情把它们和来自全世界的
风味佳肴组合起来，我会感到非常开心。我衷心希望，Kiri能为你联系起
一个充满美味和快乐的世界。

小山进

关于Kiri®的小知识

于1966年诞生于法国

实用又美味的Kiri®芝士小方走进了法国孩子们上学时的午餐便当中，随后也成了年轻人生活中的必备。

进行烹饪

法国人在冬天的时候把Kiri®加入汤里。
在中东，Kiri®成了斋月期间的重要食材。
而在亚洲，大厨们用Kiri®来制作美味的芝士蛋糕。

想用Kiri®来烹饪，有无限的可能！

被全世界所接受

从法国到中东再到日本，Kiri®畅销全球一百多个国家。
在法国，Kiri®是孩子们早餐和午餐的一部分；在中东，它不

全世界每年食用15亿份

仅被当做早餐，也被用于烹饪。
在日本，Kiri®不仅是早餐或午后点心的一部分，而且被烘焙师用于高级的芝士蛋糕和甜点的制作。

为什么Kiri®很适合烹饪？

采用新鲜的牛奶和奶油制作而成

温和的咸味

独特的温热奶香风味

特别柔软，易于混合

丰润、醇厚、绵密的口感

目录

汤　61

烘焙　77

甜点　113

饮品 195

书中有10道食谱带有视频，请扫描二维码，关注凯芮（Kiri）公众号，在对话框中输入"小山进"，即可观看大师教学视频。10道食谱分别是：

P16 三文鱼蔬菜焖饭，P28 鸡肉芦笋蛋奶酥饼，P72 土豆维希汤，
P83 法式蜂蜜吐司，P94 奶油包，P114 经典黄油蛋糕，
P119 巴斯克蛋糕，P129 生巧克力，P150 臻品抹茶芝士蛋糕，
P173 芝士舒芙蕾

TIPS

普遍适用的小贴士

普遍适用的
小贴士

前期准备、称量和准确性的重要性

- 前期准备工作和速度都是关键。尤其是在做甜品的时候，速度和温度都非常重要。

- 为了创作本书中的食谱，我尝试了很多次，直到找到合适的分量。所以一定要准确地称量好你的食材。

- 按要求的重量来称量食材非常重要。在家里，我们只能做比较小的分量，这一点和专业厨师完全相反。因此，1g的差异会大大影响成品最后的口味。一定要准确称出食材的重量。

- 一定要把你量好的材料准确地用完。可以用橡皮刮刀尽可能多地刮出食材。

调味料以及何时调味

- 在这本食谱集中，根据配方的不同，分别使用了白胡椒和黑胡椒。

- 比起在烹饪过程的最后调味，我更喜欢边烹饪边调味。

你需要知道的小贴士TOP3

①蔬菜边角料可以用来做汤，所以不要扔掉。

②如果想把蛋糕和Kiri切得很干净，可以用热水浸一下刀。

③汤锅还是煎锅？

烹制含水量较高的食物时使用前者，不想让食物被蒸熟时使用后者。

热食
HOT FOOD

超浓郁的
奶油芝士意面

用奶油芝士替代了淡奶油，给这款意面带来了非常浓郁醇厚的芝士风味。

食谱类型
热食

食谱难度
1颗星

烹饪时间
30分钟

食谱分量
2人份

所需食材

奶油酱

洋葱，切碎…275g
培根，切碎…100g
最好用厚培根。培根可以用鸡肉代替。
白葡萄酒（可选）…35g
酒可以省略，也可以用白葡萄汁代替。
鸡汤粉…6g
Kiri奶油芝士，室温软化…90g
牛奶…120g
黑胡椒粉、盐…各少许
煮面水…100g
特级初榨橄榄油…适量

意面

意面（扁面条）…200g

煮面用

热水…3600g
盐…12g

装盘用

葱，切碎…适量
蛋黄…2个

前期准备

在锅中加入水和盐煮沸。在准备酱汁时持续保温。

准备酱汁

1　在锅中将培根用自己本身的油炒熟。盛出备用，不需要洗锅。

2　在同一煎锅中，加入橄榄油，用中火炒洋葱。加入盐和胡椒粉调味。
当洋葱变软并呈半透明状时，加入白葡萄酒。搅拌均匀后关火。

> 小山进TIPS 培根和洋葱的烹制方法有所不同，所以要分开炒。炒好培根之后，我们用同一个锅来炒洋葱，这样培根的香味就不会流失。

3　在碗中混合Kiri奶油芝士、牛奶和鸡汤粉，用微波炉加热。

准备面条

4　在"前期准备"中，已将煮面的水烧开。按照意面包装上的说明煮面。
保留100g煮面水后过滤面条。

5　将培根和洋葱一起放回锅中翻炒回温，加入第三步的奶油酱搅拌。

6 锅中加入准备好的煮面水，搅拌均匀。

7 加入煮好的面条，搅拌均匀。

🥢 装盘

8 分两个盘子，将面条高高地堆叠在盘子上。

9 在上面淋上锅中剩余的酱汁。

10 用黑胡椒粉调味，每盘面上面打一个蛋黄，撒上葱花。

小山进Tips 如果你想吃熟的蛋黄，可以在关火之后，将蛋黄和锅里的面条混合均匀。

RICH CREAM CHEESE
CARBONARA

异想天开的
三文鱼蔬菜焖饭

带视频

这道食谱中用了三文鱼、肉汤、黄油，都和奶油芝士非常搭。它创新的味道能激发出你的想象力，每吃一口都能带给你不同的感受。

你可以在电饭煲中加入自己喜欢的食材，用日本大酱汤、咖喱香料或白味噌，打造自己的味蕾小世界。

 食谱类型
热食

 食谱难度
1颗星

 烹饪时间
1小时30分钟

 静置时间
30分钟

 食谱分量
6人份

所需食材

🥄 **汤料**

韭菜（绿色部分），切碎…30g
芹菜，切段…20g
水…850g
月桂叶、欧芹、百里香…各适量
肉高汤…10g（约2块）

🥄 **米饭**

未清洗的白米…4杯
（1杯=200ml=150g）
无盐黄油（炒制用）…20g

🥄 **其他材料**

橄榄油（炒菜用）…20g
洋葱，切碎…150g
腊肠，切块…80g
切碎的蔬菜
（玉米、胡萝卜、青豆）…150g

小山进TIPS 腊肠可以用
鸡腿代替。

三文鱼…160g
无盐黄油（煎三文鱼用）…20g
Kiri奶油芝士，切成小块…72g
番茄，焯水后去皮切碎…100g

🥄 **调味料**

有盐黄油…12g
盐、黑胡椒、白胡椒…各适量

17

制作汤料

1 在锅中加入汤料材料，加热至闻到香味。关火冷却至室温后，加入盐和黑胡椒调味。在冰浴上进行冷却。

2 在融化的无盐黄油中炒制白米。当米粒呈现半透明状态时关火。

> 小山进TIPS 用黄油炒白米，让每一粒米都变得更加清脆透明，煮出来的米饭口感也会得到改善。

3 在电饭煲中加入炒好的白米和凉汤料。在准备其他材料的同时，让它静置约30分钟。

> 小山进TIPS 这段静置时间能帮我们获得更浓郁的米香味。

准备其他材料

4 a.锅中淋入橄榄油，将洋葱炒软，加入盐和黑胡椒调味，盛入碗中。
b.c.重复此步骤，炒制腊肠和混合蔬菜。

> 小山进TIPS 分别炒制食材能够带出属于每种食材本身的味道。

5 三文鱼放入融化的无盐黄油中煎至两面微微上色。用盐和白胡椒调味。将三文鱼盛在盘子中，不需要洗锅。
将三文鱼去骨，切成块状。

小山进TIPS 这里我只把三文鱼的外侧煎熟了，因为后续还要放进电饭锅中焖煮。

6 接着，将洋葱放回用来煎三文鱼的锅中微微翻炒，使它融入三文鱼的香味。

🍚 焖煮米饭

7 在米上，依次加入洋葱、混合蔬菜、腊肠、番茄碎、三文鱼块、Kiri奶油芝士、有盐黄油。按照你家电饭煲的使用方法进行焖煮。

8 米饭煮好后不要急着打开电饭煲，让米饭在电饭煲封闭状态下静置约15分钟，即可食用。

ONE-POT RICE

浓郁绵密
奶油芝士饼

外皮酥脆，内里松软，令你
尽情享受绵密的奶油芝士和
块状奶油芝士的双重口感。

食谱类型
热食

食谱难度
2颗星

烹饪时间
50分钟

静置时间
1小时

食谱分量
可做8个

所需食材

🥄 贝夏美调味白汁（白酱）

水…75g
牛奶…240g
芹菜叶…15g
无盐黄油…45g
鸡汤粉…1.5g
中筋面粉…45g
Kiri奶油芝士…45g
月桂叶…1.5片
肉豆蔻…适量
蛋黄…15g
盐…1g

白胡椒粉…适量
橄榄油…20g
芹菜茎，切碎…30g
洋葱，切碎…50g
培根，切碎…68g
可以换成鸡肉。
Kiri芝士小方，每块切8份…2块

🥄 番茄酱

番茄，去皮切碎…160g
洋葱，切碎…55g
清汤粉…2.5g

橄榄油…适量
盐…适量
白胡椒粉…适量
番茄酱…10g
蜂蜜…5g

🥄 炸粉

全蛋液…适量
中筋面粉…适量
面包糠…适量
煎炸油…适量

22

🥄 制作白酱

1 锅中滴入橄榄油，放入芹菜叶翻炒。

2 在锅中加入水、牛奶、鸡汤粉和月桂叶，煮沸后倒入碗中。

3 在平底锅中，用培根本身的油脂将它炒好，放在碗中备用。

4 a.滴入橄榄油，将洋葱炒至半透明状态，放入碗中备用。
b.再煸炒切碎的芹菜茎，炒好后备用。

5 在炒菜用的锅里加入第二步煮沸后备用的混合液，再次煮沸。
煮沸过滤后，趁热加入Kiri奶油芝士，使其融化。

6 将无盐黄油放入另一个锅中用小火融化，加入面粉翻炒，防止烧焦。

7 在面粉糊中加入少许第5步的液体，混合乳化。

8 将剩余第5步的液体加入到第7步的面糊中，一次加一点，每次都要混合均匀。
用盐和白胡椒粉调味，同时加入适量肉豆蔻调节味道，如果混合物变成奶油状，就可以了。

小山进TIPS 为了避免出现颗粒状的口感，要彻底煮到非常细腻。

9 白酱准备好后，加入培根、芹菜和洋葱。

10 关火并移开锅后，分次加入蛋黄，每次都要搅拌均匀。

小山进TIPS 为了防止蛋黄过熟，务必离火。

11 转移到盖着保鲜膜的盘子里，将它包紧成方形。冷藏30分钟到1小时，直到硬得可以成形。

小山进TIPS 千万注意火候，不要把白酱烧焦了！

12 锅中淋入橄榄油，用中火炒洋葱。用盐和白胡椒粉调味。

13 炒至洋葱变软后，再加入一些橄榄油、切碎的番茄和清汤粉。炖煮至热而香。从火上移开，冷却至室温，以使味道更浓郁。

14 冷却后，加入蜂蜜和番茄酱，用手动搅拌器搅拌至光滑。

15 搅拌均匀且光滑后加入锅中，加盐和白胡椒粉调味，保温备用。

制作芝士饼

16 取出冷藏的白酱，稍稍回温以便于处理，分成60g一份，然后用手将每一份搓成圆球。

17 将面粉撒在搓好的圆球上，每份加入4个Kiri奶油芝士块。

18 用圆球包住Kiri奶油芝士块后整形，所有芝士饼都整形完毕后，在冰箱里静置约30分钟。

25

炸制

19 将蛋液搅拌均匀，过滤。

20 将油预热至180℃。
a.b.c.预先将每个芝士饼按顺序裹上面粉、蛋液和面包糠。

21 炸至表面金黄。

22 放在沥油架上沥去油分，放入盘中，配上热热的番茄酱，开吃!

CREAMY AND CHEESY
CROQUETTE

巧搭美味

带视频

鸡肉芦笋蛋奶酥饼

这是一款可以和很多食材搭配的蛋奶酥饼。奶油芝士的味道非常百搭，所以它可以有各种各样的变化：加入你最喜欢的食材，甚至是昨天晚餐的剩菜。

食谱类型
热食

食谱难度
3颗星

烹饪时间
2小时15分钟

静置时间
6小时

食谱分量
可做4个

所需食材

🍳 酥皮

低筋面粉…35g
高筋面粉…135g
无盐黄油…130g
蛋黄…5g
盐…3.5g
牛奶…45g
蛋黄液（用于刷在外层）…适量

🍳 蛋奶混合液

全蛋…80g
牛奶…100g
Kiri奶油芝士…50g
肉豆蔻、红辣椒粉…各适量
白胡椒粉、盐…各适量

🍳 馅料A

鸡腿肉，切成小块…175g
盐…1g
糖…2g
日本清酒（可省略）…15g
全蛋…30g

🍳 炸鸡肉用

土豆淀粉…适量
煎炸油（如有精炼芝麻油，可
使用）…适量

🍳 馅料B

芦笋…4根
洋葱，切碎…150g
盐、白胡椒粉…各少许
黄油、水…各适量

🍳 调味汁

豆瓣酱…1茶匙
蒜末…1/2头
糖…9g
酱油…18g
甜米酒…9g
甜米酒可省略；如果要省略，需要
增加糖量至15克。
米醋…8g
土豆淀粉…1g
水…20g

🍳 摆盘

格鲁耶尔奶酪，磨碎…45g
Kiri奶油芝士，切小方块…36g
白芝麻…适量

制作酥皮

1　将牛奶、蛋黄和盐搅拌均匀。

2　在食品处理机中，将面粉和冷黄油混合，直到混合物呈现沙子般的质地。

> 小山进TIPS　要想吃到口感好且香脆的饼皮，使用冷黄油和面粉很重要（可以事先进行冷藏）。

3　将第一步的牛奶鸡蛋混合液分次加入第二步的黄油面粉中，每次加的时候都要充分搅拌。搅拌顺滑后让面团在冰箱中静置30分钟左右。

4　a.将面团转移到工作台面或碗中，在面团上撒一些面粉。用擀面杖将面团打散，然后将面团不断对折，直到面团变得质地均匀。
b.将面团转移到盖有保鲜膜的盘子里，包紧成长方形。冷藏至少30分钟。

准备馅料

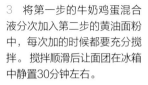

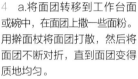

5　切好芦笋放入容器中，加入水和盐，用微波炉加热至变软。转移到冰水中冷却。沥干，擦掉水分。

6　准备馅料A：将所有材料放入碗中，混合均匀后静置30分钟。
过滤分离鸡肉和卤汁。

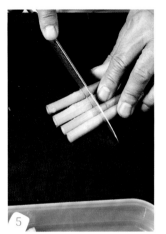

7　在锅中加入足够的油，加热至180℃。在鸡块上裹上土豆淀粉，炸至金黄。
将炸好的鸡块放在架子上，去除多余的油。

小山进TIPS 鸡肉不一定要炸到熟透，因为它们在烤箱里会被完全烤熟。在这一步，我们只是为了让鸡肉外部形成一个漂亮的脆皮。

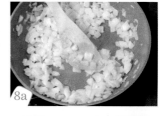

8　准备馅料B：a.在锅中融化黄油，炒香洋葱碎，加入盐和白胡椒粉调味，然后放入碗中备用。
b.将切好的芦笋重复同样的步骤。

准备调味汁

9　在锅中，将所有用于制作调味汁的材料（除了水和土豆淀粉外）加热。
将水和土豆淀粉混合在一起，然后加入锅中。搅拌均匀直至质地变稠。

制作蛋奶混合液

10　a.在碗中将鸡蛋搅拌均匀。
b.接着在另一个碗里，将软化的Kiri奶油芝士与牛奶混合均匀，直到没有结块。

11　将鸡蛋和牛奶芝士混合，过滤。
用盐、白胡椒粉、辣椒粉和肉豆蔻调味。

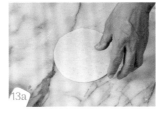

12 将静置后的面团均匀地擀开（不要只朝一个方向擀）成面皮。

用滚针打孔器或叉子扎出小孔。

13 a.用圆形模具将面皮切出适合的形状。

b.将面皮放入模具中，冷藏后静置1~2小时。

小山进TIPS 注意不要用手的热度带着面团中的黄油融化。要非常小心地处理冷面团。把面皮放进模具的时候，尽量不要让面皮叠在一起，不然会让酥饼的口感变得很僵硬、很死板。

14 用刀将多余的面皮去掉。冷藏1小时。

小山进TIPS 不要把剩下的面团扔掉，你可以用来做装饰品，也可以再做酥皮馅饼。

15 在冷藏好的饼皮下垫上烘焙纸，放上烘焙石。180℃烘烤约45分钟（挞石用于在烘烤时防止饼皮底部膨胀）。

25~30分钟后检查酥饼皮，如果底部看起来已经烤熟了，就把烘焙石取出，再把饼皮放回烤箱继续烤制均匀。

16 酥饼皮烤制好后，在底部和侧面刷上蛋黄液，180℃再烤2分钟。

小山进TIPS 蛋黄液用来保护酥饼皮不受潮，这样饼皮才不会变湿。

17 首先加入磨碎的格鲁耶尔奶酪。

18 然后依次加入洋葱、芦笋（将芦笋头部放在一边备用）和切好的Kiri奶油芝士小方块。

19 a.将炸好的鸡块底部蘸上调味汁。b.然后放入酥饼中。

小山进TIPS 只在底部涂上一层，避免烘烤时调味汁烧焦。

20 在酥饼中加入足够的蛋奶混合液，入烤箱190℃烘烤30分钟。

小山进TIPS 在酥皮中尽可能多地加入蛋奶混合液，可以让口感更加平衡和谐，看起来也更美观。

21 蛋奶酥皮出炉，在上面放上保留的芦笋头部，烤1分钟。

22 将蛋奶酥饼从模具中取出，在鸡块上刷上剩余的调味汁。

23 撒上白芝麻，开吃！

CHICKEN AND ASPARAGUS
QUICHE

Kiri®

蘸酱
DIPS

10分钟就完成!
味噌凤尾鱼蘸酱

味噌和奶油芝士为这道蘸酱带来了浓郁的风味,和蔬菜一起吃也很不错哦。

食谱类型
蘸酱

食谱难度
1颗星

烹饪时间
15分钟

食谱分量
2人份

所需食材

味噌凤尾鱼蘸酱

大蒜…18g
Kiri奶油芝士…150g
牛奶…60g
盐渍凤尾鱼…30g
35%淡奶油…60g
蛋黄酱…24g
盐、黑胡椒粉…各适量
白味噌…6g
特级初榨橄榄油…30g

蔬菜条

白萝卜…1根
胡萝卜…1根
黄瓜…1根
芦笋…3根

小山进TIPS 以上蔬菜的
种类数量只是举例，可
以根据自己的喜好随意
调整。

味噌蘸酱

Kiri奶油芝士…70g
无糖酸奶…35g
蛋黄酱…22g
35%淡奶油…34g
味噌…20g
白胡椒粉…少许

制作蔬菜条

1　蔬菜去皮，切成条状。放在冷水中备用。

制作味噌凤尾鱼蘸酱

2　将盐渍凤尾鱼泡在热水中，5分钟后过滤捞出。

3　将大蒜去皮后粗切。在碗中加入大蒜和牛奶，用微波炉加热至软化。

4　在一个较大的碗中，加入之前的蒜与牛奶混合物、凤尾鱼、Kiri奶油芝士、淡奶油、蛋黄酱、白味噌和橄榄油，用手动搅拌器搅拌至光滑。

5　用盐和黑胡椒粉调味。将蔬菜沥干放入罐子中，即可与味噌凤尾鱼蘸酱一起享用。

味噌蘸酱

1　加热并稍稍搅松Kiri奶油芝士。加入酸奶中搅拌。

2　拌入蛋黄酱和淡奶油。

3　最后加入味噌搅拌，并用白胡椒粉调味。

MISO DIP
BAGNA CAUDA

蘸肉超好吃的
熟食蘸酱

浓厚、绵密又丝滑的奶油芝士
对于制作蘸酱来说简直完美!
我加了菠菜、辣椒粉和牛油果
制作不同口味的蘸酱,平时也
可以把它们作为日常配菜,而
且在聚会上也会大受欢迎哦。

食谱类型　　　食谱难度　　　烹饪时间　　　食谱分量
蘸酱　　　　　1颗星　　　　30分钟　　　　2~4人份

所需食材

超好吃的基底蘸酱

Kiri奶油芝士…100g
蛋黄酱…8g
无糖酸奶…50g
35%淡奶油…15g

菠菜&白芝麻口味

基底蘸酱…60g
菠菜…50g
无盐黄油…8g
蜂蜜、白芝麻…各适量

红辣椒&番茄口味

基底蘸酱…50g

番茄，焯水后去皮…115g
盐、白胡椒粉…各适量
橄榄油…8g
红辣椒粉…适量

牛油果口味

基底蘸酱…50g
洋葱，切碎…30g
白葡萄酒醋…1/2茶匙
牛油果…50g
橄榄油…1g
盐、白胡椒粉…各适量

明太鱼子（盐渍鳕鱼子）口味

基底蘸酱…50g
明太鱼子（盐渍鳕鱼子）…15g
昆布粉…少许

培根&炸洋葱口味

基底蘸酱…45g
培根…47g
培根可以用鸡腿肉来代替。
无盐黄油…1.5g
炸洋葱…4.5g
盐、黑胡椒粉…各适量

超好吃的基底蘸酱

见左图，加热并软化Kiri奶油
芝士，和酸奶混合。加入蛋黄
酱和淡奶油搅拌均匀，基底蘸
酱就做好了。

菠菜&白芝麻口味

1　菠菜焯水后过凉水。沥干
后切碎。

2　中火，将菠菜放入融化的
无盐黄油中煸炒。将炒好的菠
菜与基底蘸酱混合。淋一点蜂
蜜，撒上白芝麻就完成了。

红辣椒&番茄口味

1　在平底锅中加入橄榄油和
切碎的番茄（焯水后去皮）。
加入红辣椒粉、盐和白胡椒粉
调味。炖煮至番茄变软，能闻
到香气。

2　锅中番茄酱做好后，加入
基底蘸酱中，即完成。

牛油果口味

见右图，将切好的洋葱放入装有水、盐和白葡萄酒醋混合液的碗中，浸泡几分钟后沥干。
将牛油果切好，和沥干的洋葱、基底蘸酱一起混合均匀。用盐和白胡椒粉进行调味，再林上一点橄榄油，完成。

明太鱼子（盐渍鳕鱼子）口味

见右图，将基底蘸酱和明太鱼子混合均匀。
撒上昆布粉，完成。

培根&炸洋葱口味

见右图，将培根切成喜欢的大小，放入黄油中煎炒。加入适量盐调味。
在基底蘸酱中加入煎炒好的培根。用黑胡椒粉调味，撒上炸洋葱，完成。

DELI DIPS

极致奶香的
甜味蘸酱

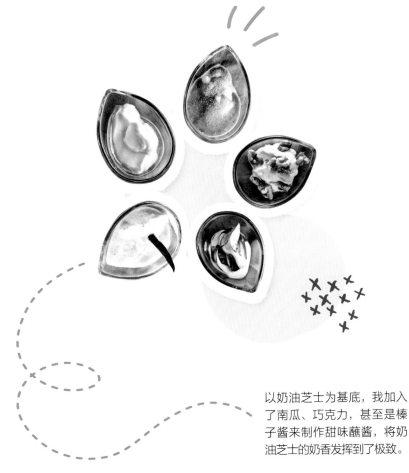

以奶油芝士为基底，我加入了南瓜、巧克力，甚至是榛子酱来制作甜味蘸酱，将奶油芝士的奶香发挥到了极致。

食谱类型
蘸酱

食谱难度
1颗星

烹饪时间
30分钟

食谱分量
2~4人份

所需食材

🥄 甜味蘸酱基底

Kiri奶油芝士…100g
无糖酸奶…50g
蜂蜜…20g

🥄 巧克力蘸酱

甜味蘸酱基底…40g
黑巧克力…8g

🥄 南瓜核桃蘸酱

甜味蘸酱基底…40g

南瓜…30g
烤核桃仁…6g

🥄 蜂蜜黄油蘸酱

甜味蘸酱基底…40g
有盐黄油，室温软化…10g
蜂蜜…10g

🥄 香草蘸酱

甜味蘸酱基底…40g
香草糖…8.8g
香草荚0.8g，白砂糖8g。

35%淡奶油…20g

🥄 柚子榛仁蘸酱

甜味蘸酱基底…40g
榛子酱…26g
柚子汁…4g
柚子粉…0.6g

甜味蘸酱基底

1 加热软化100gKiri奶油芝士。加入酸奶，用打蛋器混合均匀。

2 加入蜂蜜搅拌均匀。甜味蘸酱基底就做好了。

巧克力蘸酱

见左图，融化巧克力，加入一小部分甜味蘸酱基底，充分乳化后再加入剩下的。当蘸酱呈现出巧克力色的大理石纹路，就完成了。

南瓜核桃蘸酱

见左图，将南瓜蒸熟，捣成糊状。
将南瓜泥加入甜味蘸酱基底中，当蘸料呈现出南瓜泥大理石纹路时撒上烤核桃仁，即可食用。

蜂蜜黄油蘸酱

1　将黄油与甜味蘸酱基底混合搅拌。

2　加入蜂蜜后稍微搅拌几下，即可食用。

香草蘸酱

1　在锅中加入淡奶油和香草糖。煮至微沸，冷却后过滤，即为香草奶油。

2　将香草奶油和甜味蘸酱基底混合搅拌，即可食用。

柚子榛仁蘸酱

1　将柚子汁加入甜味蘸酱基底中，再加入榛子酱搅拌均匀。

2　撒上柚子粉即可食用。

SWEET DIPS

沙拉
SALADS

爽脆又绵密
芒果火腿卷

用芒果、坚果、罗勒和巧克力搭配奶油芝士，并卷上熏火腿。甜点师做的沙拉，不仅要够爽脆，还得够绵密。

食谱类型	食谱难度	烹饪时间	食谱分量
沙拉	1颗星	20分钟	可做6个

所需食材

⚘ 馅料

熏火腿…6片
罗勒…6片大叶子
芒果（切块）…6片（一片约27g）
黑胡椒…适量
蜂蜜…适量
特级初榨橄榄油…适量

⚘ 焦糖榛果

水…10g
白砂糖…35g
榛子仁（整颗）…50g

⚘ 焦糖榛果芝士酱

焦糖榛果…12颗
Kiri奶油芝士…108g
黑巧克力…24g

1　在汤锅中，加入水和白砂糖。煮至微温。

2　加入榛子仁，煮至金黄色，即为焦糖榛果。

3　将焦糖榛果转移到烘焙纸上，等待冷却。

4　黑巧克力切碎。

5　取12颗焦糖榛果切碎。

6 在碗中，将Kiri奶油芝士搅拌至浓稠顺滑，然后加入巧克力碎和榛果碎。

7 装盘时，先铺上一片熏火腿，加一勺焦糖榛果芝士酱、一片罗勒叶和一片芒果。用黑胡椒调味，淋一点蜂蜜和橄榄油。

8 将火腿片从有馅料的一侧开始卷起。

9 重复以上操作，将剩余的火腿片全部卷起。

给蔬菜爱好者的
沙拉汤

将蔬菜、清爽汤汁和褐色黄油完美结合。既好看又好吃，蔬菜其实很美味！

褐色黄油是通过烘烤黄油，使其中的蛋白质褐变，呈现出浓郁的坚果褐色。它经常被用于法国烹饪中制作美味的糕点和酱汁，也可以作为意大利面和土豆泥等东西的直接调味品。

 食谱类型
沙拉

食谱难度
2颗星

烹饪时间
55分钟

食谱分量
1~2人份

所需食材

 汤

水…200g
鸡汤粉…3.2g
Kiri奶油芝士…30g
月桂叶…1片
盐、胡椒粉…各适量
无盐黄油…10g

 蔬菜

自选蔬菜（根茎类蔬菜、叶类蔬菜、豆类、食用花卉）。
※根茎类蔬菜：萝卜、洋葱、土豆等。
※豆类蔬菜：豌豆、鹰嘴豆等。
※将萝卜等蔬菜切成小块，叶类蔬菜切好备炒。

烹制蔬菜用

橄榄油…适量
盐…适量
白胡椒粉…适量

 褐色黄油

无盐黄油…适量

制作汤

1 月桂叶、黄油和鸡汤粉加入水中，汤融合沸腾后即可关火。

2 将Kiri奶油芝士用微波炉加热变软后，加入少许汤汁。搅拌均匀后加入其余的汤汁。

3 用盐和黑胡椒粉调味后备用。

制作汤的配料

4 将切好的根茎类蔬菜（我用了萝卜、土豆）放入碗中，加水没过蔬菜。用保鲜膜包好，在微波炉中加热至变软。加入盐和白胡椒粉调味。

5 用橄榄油将绿叶菜翻炒至变软，装盘备用。

6 将切好的洋葱、土豆、豌豆和鹰嘴豆放在烤盘上，刷上橄榄油。220℃烘烤15分钟。烘烤到一半时，翻面使其均匀熟透。

小山进TIPS 一定要把每种材料烹饪到合适的程度，比如洋葱要烤出甜味。

7 烤好后取出，将豆子去皮，加盐和白胡椒粉调味。

制作褐色黄油

将无盐黄油用小火煮至变
戈褐色。

小山进TIPS 重点是要慢
慢加热黄油，制作出味道
浓郁厚实的褐色黄油。

装盘

9 首先，将烘烤后的热蔬菜
放在盘底。
然后，加入其他蔬菜（如菜
叶、豆类、软萝卜）。
最后放上食用花卉（如果有
的话）。

10 将褐色黄油淋在蔬菜上。
最后把汤倒在蔬菜上，完成。

FOR VEG LOVERS
SOUP SALAD

汤
SOUPS

鲜味满满
蘑菇汤

用大酱、豆浆、奶油芝士和蘑菇做成的鲜味满满的汤。

食谱类型	食谱难度	烹饪时间	静置时间	食谱分量
汤	1颗星	40分钟	12小时到1天	2~4人份

所需食材

水…700g

干昆布（海带）…8g

干香菇…5g

土豆，切成小块，在水中浸泡
5分钟…2个

洋葱，切碎…250g

火腿，煮熟，切块…200g
火腿可以用鸡腿代替。

香菇，切块…100g（4个）

口蘑，切块…70g（6个）

舞茸，切块…100g

姬松茸，切块…180g

橄榄油…60g

豆浆…400g

Kiri奶油芝士…54g

鸡汤粉…14g

盐、黑胡椒…各适量

酱油…5g

无盐黄油…15g

1 轻轻擦拭干昆布的表面，并将其浸泡在水中。将香菇掰碎，放入另一碗水中浸泡。用保鲜膜将每个碗包起来，静置浸泡12~24小时。

2 昆布泡软后，将碗放在热水浴①（60℃）上加热，以带出鲜味。

小山进TIPS 检查昆布的香味是否被提取出来，要注意昆布的泡水状态、汤汁的颜色和味道。

制作蘑菇汤

3 a.在锅中倒入适量橄榄油，炒火腿。用盐和黑胡椒粉调味，并转移到另一个碗中。b.c.d.e.在同一平底锅中，对于洋葱、土豆、香菇、口蘑、舞茸和姬松茸重复以上的步骤。

①热水浴即隔水加热。

4 将昆布制作的高汤（取出昆布）和干香菇放入同一锅中加热。

5 加入鸡汤粉和豆浆搅拌均匀。

6 加入炒好的火腿、洋葱和土豆，煮沸后调味。

7 加入Kiri奶油芝士、酱油和无盐黄油。

8 在碗中加入各种蘑菇。再把汤倒在蘑菇上，完成。

UMAMI
MUSHROOM SOUP

可当主食可当汤
奶油蔬菜煲

这道砂锅菜加入了丰富的蔬菜，既可以当汤喝，也可以当主食吃。奶油芝士带来了软绵绵的口感。
你可以加入你喜欢的蔬菜，一样会很好吃。

 食谱类型
汤

 食谱难度
1颗星

 烹饪时间
30分钟

 食谱分量
4~6人份

所需食材

芹菜，切段…50g
胡萝卜…200g
土豆…250g
西蓝花…150g
腊肠…250g
腊肠可以用鸡腿肉替代。
圆白菜…300g
洋葱…500g

橄榄油…30g
月桂叶…2片
盐、黑胡椒粉…各适量
鸡肉高汤块…4个
水…1L
Kiri奶油芝士…72g

> 小山进TIPS 将蔬菜切成方便入口的大小。不要扔掉边角料哦，它们可以用来制作蔬菜高汤。

1　将切剩下的蔬菜边角料及芹菜段放入锅中，淋上橄榄油炒香。

2　锅中放入切好的洋葱，炒香。用盐和黑胡椒调味。然后加入胡萝卜。

3　在另一个锅中，炒香腊肠，然后加入炒蔬菜的锅中。

4　在刚刚用来炒香肠的锅里炒西蓝花，然后加入第一个锅中。

5　在刚刚用来炒西蓝花的锅里炒土豆，然后加入第一个锅中。

6 在刚刚用来炒土豆的锅里炒圆白菜，然后加入第一个锅中。

7 在用来炒菜的锅里加水。开火，让锅中留下的所有蔬菜和肉的味道在水中融合。加热的同时，加入鸡肉高汤块、月桂叶和Kiri奶油芝士。

8 当奶油汤加热均匀后，加入第一个锅中。盖上锅盖一起焖煮。

9 蔬菜和肉煮熟后，即可关火开吃。

CREAMY
POT-AU-FEU

一级棒的

带视频

土豆维希汤

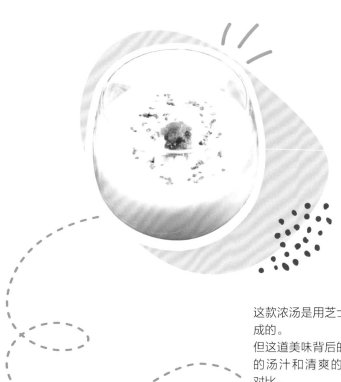

这款浓汤是用芝士代替奶油制成的。

但这道美味背后的秘密是浓郁的汤汁和清爽的果冻之间的对比。

沐浴在清晨的阳光中喝着美味的汤，作为早餐一级棒。

食谱类型
汤

食谱难度
1颗星

烹饪时间
20分钟

静置时间
2小时

食谱分量
2人份

所需食材

🥄 果冻

水…200g
蔬菜（可以使用边角料）…适量
牛肉汤块…4g
盐、白胡椒…各适量
吉利丁片…3g

🥄 汤

土豆…300g
洋葱…100g
水…400g
鸡肉汤块…4g
Kiri奶油芝士…90g

无盐黄油…15g
韭菜，切碎…装饰
盐、白胡椒粉…各适量

制作果冻

1 在锅中加入水、蔬菜和牛肉汤块，煮沸。同时将吉利丁片泡在冷水中直到软化。

2 滤去汤汁，用盐和白胡椒调味。过滤吉利丁液，并将其加入到汤中。

3 a.将碗里的液体冰浴冷却。再次用白胡椒粉调味。
b.用细茶滤网过滤。

小山进TIPS 我们要将白胡椒的味道注入果冻中，但果冻中的颗粒要过滤掉，这样最后的口感才会非常顺滑。

4 转移到容器中，冷藏2~3小时，直到变成固体。

制作浓汤

将土豆去皮，切成薄片，
放进装满水的碗里，浸泡1小
时后沥干水分。在锅里融化黄
油，加入洋葱中火翻炒。将土
豆放入锅中翻炒，加入盐和胡
椒粉调味。

6 当土豆变成半透明时，加
入水和鸡肉汤块，煮至土豆变
软。离火后冷却到室温，也可
以在冰浴上进行冷却。

7 室温时，加入Kiri奶油芝
士，用手动搅拌器搅拌至光
滑。加入盐和白胡椒粉调味，
放入冰箱保存。

小山进TIPS 在食用前，
将汤加热至40℃，然
后转移到冰浴上，用橡
皮刮刀搅拌至适合的温
度。迅速冷却汤汁可以防
止奶油芝士质地变硬，同
时享受顺滑的口感。

8 将冷汤倒入容器中，放上
切好的韭菜碎和清汤果冻后直
接就可以冷吃啦。

关于吉利丁

- 吉利丁粉很容易溶于水中，溶解后就可以加入其他材料中，冷藏至凝固状
态。使用起来方便，很适合家庭烘焙。
- 吉利丁片需要先用冷水浸泡，过滤后再加入其他材料中，冷藏至凝固状态。
这是很多专业人士使用的明胶。如果调整好用量，吉利丁片和吉利丁粉可以互相
替代。

POTATO
VICHYSSOISE

Kiri®

烘焙
BAKING

了不起的
鸡蛋三明治

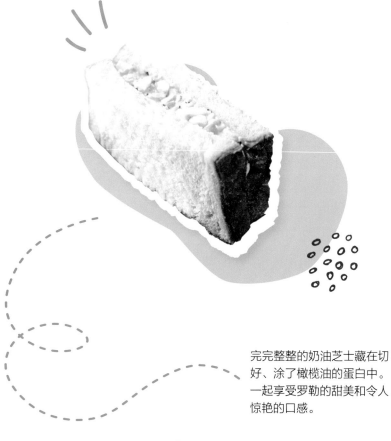

完完整整的奶油芝士藏在切
好、涂了橄榄油的蛋白中。
一起享受罗勒的甜美和令人
惊艳的口感。

食谱类型	食谱难度	烹饪时间	食谱分量
烘焙简餐	1颗星	20分钟	2人份

所需食材

☌ 馅料

水煮蛋，放凉后剥壳…2个
蛋黄酱…58g
Kiri奶油芝士…36g
特级初榨橄榄油…8g

甜罗勒…1g
红辣椒粉…适量
肉豆蔻（可选）…适量
盐、白胡椒粉…各适量

☌ 装盘

无盐黄油…6g/片
厚约1.5cm的三明治面包…4片

1 将蛋黄和蛋白分别切碎备用。

2 a.将罗勒切碎。
b.将Kiri奶油芝士切成小方块，在上面淋上橄榄油。

小山进TIPS 将刀浸在水中加热，这样能够更轻松地切开Kiri。

3 将碎罗勒和Kiri奶油芝士混合在一起。

4 a.在另一个碗中，将切碎的蛋黄和蛋黄酱混合，再加入切碎的蛋白。
b.加入盐和白胡椒粉，再加入红辣椒粉和肉豆蔻提味。

5　加入Kiri和罗勒搅拌均匀。

6　a.在每片面包的一面上涂
黄油，选择两片面包，将做好
的馅料涂在涂抹了黄油的一面。
b.再将剩下的两片面包黄油面
向下，盖在涂好馅料的面包上。

7　将三明治切成两半。装盘
即可享用。

EXTRAORDINARY
EGG SANDWICH

甜蜜蜜

法式蜂蜜吐司

奶油芝士柔和的咸味与蜂蜜的甜美搭配得恰到好处，面包蓬松柔软，是一款随时随地都能做的、简单又快手的法式吐司食谱。

食谱类型
烘焙简餐

食谱难度
1颗星

烹饪时间
25分钟

食谱分量
2人份

所需食材

🥄 吐司底

全蛋液…60g
牛奶…100g
Kiri奶油芝士，微波炉加热软
化…40g

白砂糖…30g
方形三明治面包，3cm厚…2片
有盐黄油…16g
糖粉…适量

🥄 香缇奶油淋汁

35%淡奶油…100g
白砂糖…7g
蜂蜜…适量
薄荷…几片

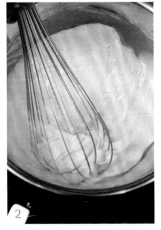

制作蛋液

1　在碗中，将Kiri奶油芝士与白砂糖混合。加入少许牛奶让混合物质地更加松软，方便搅拌。然后加入其余的牛奶，搅拌至完全混合。

2　加入蛋液，搅匀后过滤。

制作香缇奶油

3　在冰浴的碗中加入淡奶油和白砂糖。打发至坚挺蓬松。

制作吐司底

4　在容器中加入少许蛋液，铺上面包片。再放上剩下的蛋液。用600W的微波炉加热60秒。注意不要过热，否则易导致鸡蛋被煮熟。

5　在煎锅中用中火融化黄油。在锅中放入面包片，如果碗里还有一点剩余的鸡蛋液，可以在这一步都抹在面包片上。煎几分钟后翻面，让两面都微微上色。

6　在面包片上撒一些糖粉后翻面，煎至金黄后，再一次重复上面的操作。两面都呈现金黄后装盘。

摆盘

7　a.面包片放入盘中。
b.顶部按照自己的喜好挤一些香缇奶油。

8　再淋上一点蜂蜜，最后用薄荷叶装饰。

HONEY
FRENCH TOAST

丰富有层次的
香缇水果三明治

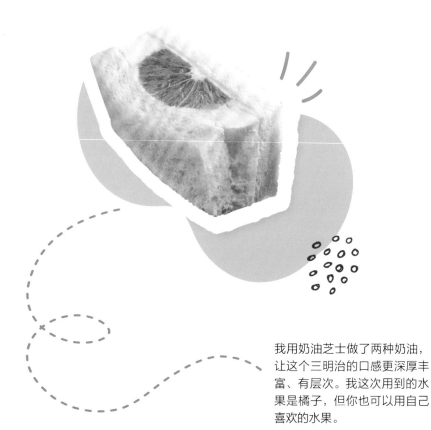

我用奶油芝士做了两种奶油，让这个三明治的口感更深厚丰富、有层次。我这次用到的水果是橘子，但你也可以用自己喜欢的水果。

食谱类型
烘焙简餐

食谱难度
2颗星

烹饪时间
45分钟

静置时间
30~60分钟

食谱分量
2人份

所需食材

三明治面包，1.5cm厚…4片
橘子…1个

🍮卡仕达酱

牛奶…100g
香草荚…0.4g
Kiri奶油芝士，提前室温
软化…40g
蛋黄…30g
白砂糖…30g
低筋面粉…6g
玉米淀粉…6g
无盐黄油…12g

🍮外交官奶油

卡仕达酱…50g
打发的淡奶油…5g

🍮Kiri香缇奶油

Kiri奶油芝士，提前室温
软化…30g
白砂糖…13g
35%淡奶油…100g

1 a.橘子剥皮。
b.切成两半。
c.切掉面包边。

⚘ 制作外交官奶油

2 a.蛋黄加入白砂糖打散。
b.在蛋黄液中筛入面粉和玉米粉。

3 a.慢慢在锅中加热牛奶和Kiri奶油芝士。加入香草荚、少许糖。
b.煮沸后将一半的牛奶Kiri混合物（包括香草荚）加入蛋黄混合物中。搅拌均匀后过滤，去除香草荚。冷却至58℃。

4 a.将剩余的牛奶煮沸后，再一次性加入之前的混合物。
b.降至中火，改用橡皮刮刀继续充分搅拌，直到几乎沸腾，质地变稠。从火上移开，加入黄油混合搅拌。

5 移入碗中，将卡仕达酱在冰浴上冷却至15℃。冷却后，取50g卡仕达酱，加入打发的淡奶油搅拌。外交官奶油就做好了，放在一边备用。

制作香缇奶油

6 在碗中，将常温的Kiri奶油
芝士和白砂糖混合。慢慢加入
淡奶油，避免结块。

7 在冰浴的碗中将混合物打
发至形成硬性发泡。

装盘

8 在每片面包的其中一面上
铺一层薄薄的外交官奶油。在
两片面包之间铺上一层香缇奶
油，橘子切面朝下放在面包上。

9 把香缇奶油装进裱花袋，
在橘子上和周围都涂上奶油。

10 盖上另一片面包后，用保
鲜膜裹紧三明治，冷藏30分钟
到1小时。

11 切开三明治后撕去保鲜
膜，即可端上桌享用。

KIRI CHANTILLY
FRUIT SANDWICH

小山进烘焙小贴士

🥖 关于面包制作的一些知识

– 混合搅拌时，请务必将盐和酵母分开。盐会抑制酵母的活性。

– 揉面团时，要等到先揉出面筋，再加入油脂。因为油脂会影响面筋形成。

🥖 新鲜酵母和速溶酵母

– 本书中的部分食谱需要使用新鲜酵母，其他的则需要使用速溶酵母。如果想用新鲜酵母代替速溶酵母，请务必使用比速溶酵母所需用量多3倍的新鲜酵母。

– 当我想要进行长时间、慢发酵的时候，会使用速溶酵母。它也很适合用于在冰箱的冷藏层中保存面团。

– 另一方面，新鲜酵母的发酵性很强。用新鲜酵母做的面团则可以放在冰箱的冷冻层中。

👆 什么是面粉结块？

– 面粉开始慢慢受热变稠时（50~60℃），会容易凝结成块。如果面粉没有很好地加水溶解，小颗粒的面粉就会相互粘连，变得黏稠。

如何避免面粉结块？
– 加入牛奶时，可以事先将面粉与黄油混合，防止面粉颗粒粘在一起。在低于凝固点的温度下搅拌混合也有助于防止面粉结块。

如何辨别混合物是否无结块？
– 刚开始的时候，混合物看起来会是干干的、成块状，但继续混合搅拌，它会逐渐变得光滑、细腻、绵密。

好吃到上天的

带视频

奶油包

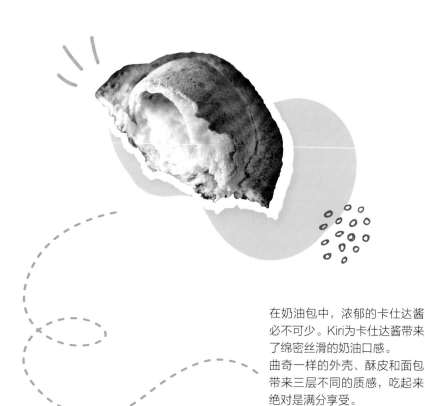

在奶油包中，浓郁的卡仕达酱必不可少。Kiri为卡仕达酱带来了绵密丝滑的奶油口感。
曲奇一样的外壳、酥皮和面包带来三层不同的质感，吃起来绝对是满分享受。

 食谱类型
面包

 食谱难度
3颗星

 烹饪时间
1小时34分钟

 静置时间
15小时

 食谱分量
可做4个

所需食材

面团（可以做约15个）

高筋面粉…500g
速溶酵母…4g
盐…8g
白砂糖…35g
全蛋液…55g
水…300g
发酵黄油，室温软化…38g
起酥油，室温…13g
杏仁酱…94g

蛋黄芝士酱（分成5份）

牛奶…130g
香草荚…0.5g
Kiri奶油芝士…50g
蛋黄，轻轻打散…36g
白砂糖…38g
低筋面粉…7g
玉米淀粉…7g

曲奇壳（容易制作的分量）

低筋面粉…100g

全蛋液…100g
无盐黄油，室温软化…100g
白砂糖…100g
香草精…1g

> 小山进TIPS 在这个配方中，我用的是Kenwood KMM770揉面团。
> 将剩下的面团分装，搓成球状，放入密封容器中冷冻保存。

制作面团

1　在厨师机的碗中，加入面粉、速溶酵母、盐、白砂糖、打散的蛋液和水，开始揉面。揉至面团可以轻松抻开而不断裂。

> 小山进TIPS　加盐和速溶酵母的时候，一定要分到碗的不同边上，这样才不会抑制酵母的活性。

2　开始加入黄油和起酥油。继续揉面，直到面团结实且伸展性好，不易开裂。

3　接着，加入杏仁酱搅拌至均匀。将面团移到大的容器中，用保鲜膜包好。冷藏12小时。

> 小山进TIPS　因为面团的油脂含量较高，所以在冰箱里发酵后会变得更容易处理。

制作曲奇壳

4　在食物处理机中，混合面粉和白砂糖。加入黄油，再次混合均匀。

5　慢慢加入鸡蛋和香草精。搅拌至光滑。
转移到裱花袋中冷藏约2小时，直到挤压时足够坚硬，能够保持形状。

制作蛋黄芝士酱

6 蛋黄和白砂糖混合打散。

7 面粉和玉米淀粉一起过筛，加入蛋黄和糖中。

8 在锅中，将牛奶和Kiri奶油芝士混合。小火加热，加入香草荚和白砂糖。

小山进TIPS 使用Kiri可以让蛋黄酱的质地更加紧实和细腻。

9 煮沸后，将一半的混合液（包括香草荚）加入到蛋液中。搅拌均匀后，过滤并去除香草荚。冷却至58℃。

10 a.将剩余的牛奶芝士混合液煮沸后，再一次性加入之前的混合物。
b.降至中火，改用橡皮刮刀。继续充分搅拌，直到快沸腾、变稠。

小山进TIPS 混合时的温度必须超过80℃，这一点很重要。通过达到此温度，蛋黄被煮熟，低筋面粉和玉米淀粉会凝固，从而制成美味的蛋黄芝士酱。

11 a.移入碗中，用冰浴冷却至15℃。
b.装进裱花袋中。

整形

12 将冷藏的面团移到案板上，撒一些面粉，分成60g一个的小球。

13 让它们在室温下静置60~90分钟，直到它们的大小膨胀为原来的1.5倍。

14 把每一个面团都卷成椭圆形。

15 在上面挤50g的Kiri蛋黄芝士酱。

16 a.然后把蛋黄芝士酱包在面团里，淋上一点水进行粘合。
b.将面团封口的一面朝下放，防止面团在发酵和烘烤过程中开裂，导致蛋黄芝士酱漏出来。

17 在温暖的环境（温度约35℃，湿度约70%）中，让面团发酵35分钟，体积膨胀至两倍大小。

18 面团发酵好后，在上面挤上曲奇壳。

🍞 烘烤

19 入烤箱，240℃烘烤14分钟。

20 出炉后即可食用。

HEAVENLY
CREAM BUNS

糖衣炮弹

布里欧修

奶油芝士在布里欧修中慢慢融化，还能吃出杏仁焦糖的香味。

食谱类型
面包

食谱难度
3颗星

烹饪时间
1小时29分钟

静置时间
半天+2小时15分钟

食谱分量
可做5个

所需食材

🥄 面团（可以用搅拌机轻松制作的分量）

高筋面粉…500g
盐…10g
白砂糖…80g
牛奶、蛋黄…各50g
全蛋液…250g
鲜酵母…20g
发酵黄油，室温…300g

> 小山进TIPS 剩下的面团可分成几份，搓成球状，密封后冷冻保存。

🥄 Kiri奶油（分成14g一份）

Kiri奶油芝士…85g
白砂糖…4g

🥄 咸黄油焦糖

白砂糖…40g
35%淡奶油…180g
香草荚…1/3根
枫糖浆…20g
Kiri奶油芝士…45g

海盐（如果有盖朗德盐之花则更好）…3g
无盐黄油…30g
烤杏仁碎…50g
水…40g
糖浆…170g
白砂糖…170g

🥄 装饰用

全蛋液（刷在布里欧修上）适量
白砂糖…适量

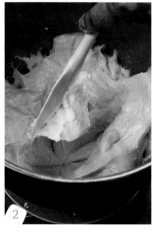

制作面团

1 在搅拌机的碗里，加入除黄油以外的所有材料。

> 小山进TIPS 在碗中加入盐和酵母时，一定要分开，否则会抑制酵母的活性。

2 面筋形成后，分次加入发酵好的黄油，每次都要盖上面团再揉匀。

3 当所有的黄油都加入面团后，将面团放到碗里，盖上保鲜膜。冷藏12小时（初次发酵）。

> 小山进TIPS 因为面团的脂肪含量较高，所以在冰箱里发酵后会变得更容易处理。

制作咸黄油焦糖

4 将水和枫糖浆用微波炉加热，搅拌混合。

5 a.在微波炉中加热淡奶油和香草荚。
b.开中火，将白砂糖放入锅中，让它产生焦化反应。

6 a.当糖呈现焦糖色后，加入热的香草奶油。
b.继续搅拌至完全融合。

> 小山进TIPS 制作焦糖时，请小心避免溅出。

7 在第6步的焦糖奶油中加入枫糖浆和Kiri奶油芝士搅拌均匀，直到煮沸。熄火后，加入40g白砂糖搅拌。

8 在另一个锅中，加入水、糖浆以及170克白砂糖。用中火加热，不要搅拌，直到糖化开。

小山进TIPS 注意不要用橡皮刮刀搅拌，也不要震荡，否则糖会重新结晶。

9 将第7步中的混合物倒入焦糖锅中，搅拌均匀。

10 将混合物加热至115℃，然后加入黄油和切碎的杏仁。加入海盐后离火。

11 将咸黄油焦糖混合物倒进一个长方形的盘子里。在室温下静置30分钟，然后冷藏1小时，直到足够硬可以切割为止。

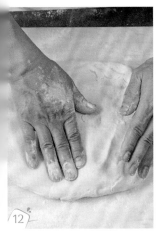

面团整形

12 在经过初次发酵的面团上撒上面粉，按压释放面团内的空气。

13 将面团分成40g一份，做成球状。留下5个，其余的储存起来（储存方法见第102页贴士）。

14 在室温下静置45分钟至1小时，至面团的体积膨胀到原来的约1.5倍。

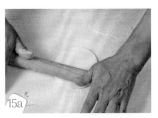

15 a.将松弛好的面团撒上面粉，用擀面杖擀开成面饼。
b.将面饼放在温暖的地方发酵45分钟，到体积膨胀至原来的1.5倍大小。

小山进TIPS 擀面时旋转面团有助于防止收缩。

制作Kiri奶油

16 将Kiri奶油芝士与白砂糖混合均匀，装进裱花袋中。

17 将冰镇后变硬的咸黄油焦糖从冰箱中取出，用炉子或者喷灯加热四周，使其解冻。将焦糖用刀切成块状。

18 将二次发酵后的面饼取出，用手指戳出凹洞。

19 刷上一些蛋液。

20 a.在每个洞里填入Kiri奶油。
b.再在上面加一块焦糖。

21 撒上白砂糖。

22 入烤箱，220℃烘烤7~9分钟。

23 当变成金黄色的时候，"糖衣炮弹"布里欧修就完成了。

BRIOCHE AU SUCRE

风味独特的
欧蕾红豆奶油面包

米粉面包包裹着奶油芝士和豆沙馅，还带着一股淡淡的咖啡香。芝士和豆沙融合得恰到好处，又能吃出各自的风味。

食谱类型
面包

食谱难度
3颗星

烹饪时间
1小时7分钟

静置时间
3小时30分钟

食谱分量
可做4个

所需食材

🥐 面团（50g一个，约可做19个面团，是厨师机易于准备的分量）

高筋面粉…400g
糯米粉…100g
白砂糖…50g
盐…10g
鲜酵母…10g
水…350g
无盐黄油…75g
咖啡香精…18g

小山进TIPS 用不完的面团可以分成球状，放入密封容器中冷冻保存。

🥐 馅料

面团…200g（50g/个）
奶油芝士馅…易于准备的分量（15g/1个）
Kiri奶油芝士…75g
白砂糖…15g
豆沙馅，冷藏备用…120g（30g/1个）
糯米粉（撒在表面）…适量

制作面团

1 在厨师机的碗中，加入面粉、糯米粉、鲜酵母、盐、白砂糖和水，开始揉面。

小山进TIPS 在碗中加入盐和酵母时，一定要将它们分开放，否则会抑制酵母的活性。

2 当面筋已经揉出来，面团可以拉伸开但不会撕裂时，加入咖啡香精继续揉面。

3 咖啡香精混合完毕后，加入黄油。继续搅拌，直到黄油被均匀揉进面团。将面团移到碗中，冷藏2小时进行初次发酵。

分割&二次发酵

4 将冷藏好的面团移到台面上，撒少许面粉，分成50g一个。

5 a.搓成球状。
b.在室温下静置30分钟，直到它们膨胀到原本体积的约1.5倍。

 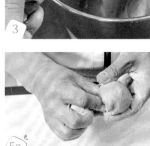 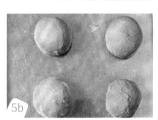

6 在碗中混合Kiri奶油芝士和白砂糖。放进冰箱冷冻约10分钟让它更结实。

7 a.从冷冻室取出，分成4份（每个15g），搓成球。再冷冻20分钟。将豆沙馅分成30g一份，用豆沙馅包住芝士球。
b.将豆沙芝士球用保鲜膜盖好备用。

8 a.将一块面团压扁，中间放一个豆沙芝士球。
b.把面团包起来，合拢成团。

9 在面包上喷点水，静置35分钟（温度约30℃的环境中），直到面包膨胀到原本体积的约1.5倍。

10 在面包表面撒上一点糯米粉，入烤箱220℃烘烤7分钟。

11 出炉后即可享用!

CAFÉ AU LAIT
RED BEAN BUNS

Kiri

甜点
DESSERTS

味道随时间变化
经典黄油蛋糕

带视频

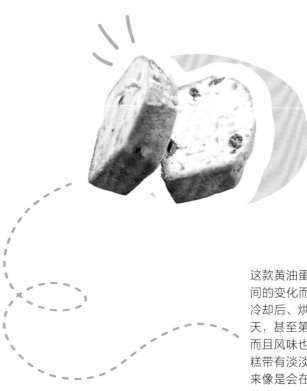

这款黄油蛋糕的味道会随着时间的变化而变化，新鲜出炉、冷却后、烘烤后第二天、第三天，甚至第五天都可以享用，而且风味也不尽相同。这款蛋糕带有淡淡的芝士香味，吃起来像是会在嘴中融化，是只用黄油的蛋糕做不到的哦。

食谱类型　　食谱难度　　烹饪时间　　食谱分量
甜点　　　　1颗星　　　1小时20分钟　约1个8吋蛋糕
　　　　　　　　　　　　　　　　　　（20cm×7cm）

所需食材

🍰 蛋糕

发酵黄油，室温软化…60g　　玉米淀粉…15g

Kiri奶油芝士，加热软化…60g　　杏仁粉…20g

全蛋液…80g　　　　　　　　泡打粉…3g

糖粉…112g　　　　　　　　　盐…少许

低筋面粉（65号）…100g　　朗姆酒葡萄干…50g

🍰 朗姆糖浆

水…26g

白砂糖…17g

朗姆酒…20g

可以用20g红糖和40g水（配比1：2）制成的糖浆代替朗姆酒。

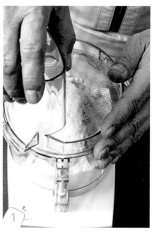

✎ 制作蛋糕

1　首先将干料混合。

2　加入鸡蛋、黄油和Kiri奶油芝士。搅拌至混合均匀。

3　移到碗中，放入泡好朗姆酒的葡萄干搅拌。

4　将面糊倒入铺有烤纸的蛋糕盒中。210℃烘烤18分钟。

5　18分钟后，在蛋糕上面切一条缝。将烤箱温度降至180℃，烘烤42分钟，如果筷子插进蛋糕里拿出来是干净的，就代表烤好了。

小山进TIPS　可以用20g红糖和40g水（配比1：2）制成的糖浆代替朗姆酒。

🍮 制作糖浆、装盘

6　用微波炉加热水和白砂糖，再添加朗姆酒混合均匀。

7　将热乎乎的蛋糕转移到冷却架上，刷上满满的糖浆。

> 小山进TIPS 这一步你可以使用自己喜欢的各种酒（利口酒也可以）。

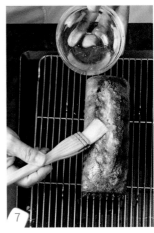

8　等到糖浆将蛋糕全部浸透，冷却后就可以吃啦。

> 小山进TIPS 这款黄油蛋糕的味道会随着时间的推移而发生变化，所以第一天、第三天、甚至第五天都可以试一试！

CLASSIC
BUTTER CAKE

超简单！"小白"也能做的
巴斯克蛋糕

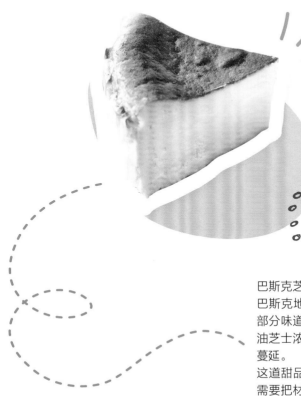

巴斯克芝士蛋糕来自西班牙的巴斯克地区。表面"烤黑"的部分味道焦香甜美，混合着奶油芝士浓郁醇正的奶香在口中蔓延。
这道甜品的做法很简单——只需要把材料混合好，然后烘烤就大功告成！

食谱类型
甜点

食谱难度
1颗星

烹饪时间
40分钟

静置时间
2小时10分钟

食谱分量
适用于1个5吋模具

所需食材

Kiri奶油芝士…290g
白砂糖…110g

低筋面粉…8g
35%淡奶油…155g

全蛋液…125g

小山进TIPS 可以很自豪地送给亲朋好友品尝的甜品。
经过高温烘烤，巴斯克蛋糕的外表呈现出迷人的焦黑，但内里依旧绵密柔软。
任何类型的烤箱都可以制作！

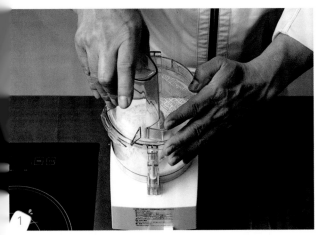

1 在食物处理机中将干料混合。

2 a.接着加入Kiri奶油芝士、全蛋液、淡奶油。
b.搅拌至均匀。

小山进TIPS 你也可以用碗和普通打蛋器来制作，但因为不需要向巴斯克蛋糕中打入空气，所以用食物处理机最适合。

3 过滤混合物。

4 将面糊倒入铺有烘焙纸的模具中。

5 入烤箱235~240℃烤25
分钟。

小山进TIPS 虽然小型
家用烤箱常被吐槽很难
将蛋糕内壁烤熟，但对
于巴斯克蛋糕来说它们
还挺好用的。

6 25分钟后，从烤箱中取出
巴斯克蛋糕。它应该会呈现出
微微抖动的软嫩质地。

7 让蛋糕冷却到室温后，至
少冷藏2小时。

小山进TIPS 余热会将
蛋糕的内里部分慢慢烤
熟，所以出炉后不要马
上冷藏哦。

关于烘焙纸

- 烘焙纸有两种：硅涂层纸和非涂层纸。我们来了解一下如何根据配方来使用
它们。
- 一般来说，制作瑞士卷和吉诺兹时，我用的是无涂层纸；而制作蛋奶酥、巴
斯克芝士蛋糕时，我用的是硅涂层纸。

BASQUE CHEESECAKE

口味变化更丰富
奶油布丁配时令水果酱

加入糖、鸡蛋和奶油芝士一起制作成奶油布丁。运用时令水果制作果酱，可以给这款布丁带来更丰富的口味变化。

食谱类型
甜点

食谱难度
1颗星

烹饪时间
1小时10分钟

静置时间
1小时30分钟

食谱分量
可做10个

所需食材

焦糖

白砂糖…100g
热水…30g

蛋黄酱

全蛋液…145g
蛋黄…60g
白砂糖…110g
Kiri奶油芝士…145g
牛奶…430g
35%淡奶油…90g

果酱

①
草莓…80g
白砂糖…4g
柠檬汁…3g

②
芒果…80g
白砂糖…8g
柠檬汁…3g

③
蓝莓…80g
白砂糖…16g
柠檬汁…4g

④
奇异果…80g
白砂糖…16g

⑤
树莓…80g
白砂糖…16g

制作焦糖

1　在锅里加入热水。加入白砂糖煮至金黄色。

> 小山进TIPS　煮焦糖的时候容易溅出来，要小心。

2　趁热在每个模具中加入8g焦糖。

制作蛋黄酱

3　将牛奶、Kiri奶油芝士、30g白砂糖加热至80℃。

4　在碗中，将淡奶油、全蛋液和蛋黄与其余的白砂糖混合，直到溶解。

5　将热牛奶混合液慢慢加入到蛋液中。搅拌均匀后过滤。

6　在每个模具中倒入85g上一步的混合液。

⌂ 制作焦糖

7 在烤盘底部加一块布（需要足够大，可以垫住所有的布丁模具）。
把装有布丁的模具放入盘中，并注入热水。用150℃的温度烘烤40分钟。

8 在室温下静置30分钟，然后冷藏2小时。

> 小山进TIPS 余热会将布丁烘烤得更加彻底，所以出炉后不要马上冷藏。

9 a.b.c.d.用搅拌机将时令水果与白砂糖混合至均匀顺滑。如果在酱汁中留一些果肉，就可以同时吃到水果的口感。

> 小山进TIPS 芒果和奇异果要用新鲜的。
> 各种莓果可以用冷冻的。

10 在布丁上淋一些果酱，就可以开吃啦。

CUSTARD PUDDING

无敌可爱的

生巧克力

奶油芝士替代了淡奶油的作用，用来做白巧克力、牛奶和黑巧克力三种口味的生巧。这个配方是经过无数次测试的结果，绝对很好吃。制作的时候使用圆形模具，脱模会更方便。

食谱类型
甜点

食谱难度
2颗星

烹饪时间
40分钟

静置时间
1小时30分钟

食谱分量
每种巧克力可
做24块

所需食材

白巧克力

35% 白巧克力…200g
Kiri奶油芝士, 提前软化…120g
牛奶…20g
糖浆…15g

> 小山进TIPS 白巧克力
> 最能凸显Kiri的奶味和芝
> 士味。随着可可含量的
> 增加, 巧克力的味道也
> 会更加浓郁。

牛奶巧克力

40% 牛奶巧克力…190g
Kiri奶油芝士, 提前软化…115g
牛奶…40g
糖浆…15g

黑巧克力

60% 黑巧克力…172g
Kiri奶油芝士, 50℃软化…104g
牛奶…78g
糖浆…14g

装饰用

可可粉…适量

> 小山进TIPS 制作白巧克
> 力和牛奶巧克力两种生
> 巧的过程非常相似, 黑
> 巧克力生巧则稍有不同。

准备

1 a.b.c.将每种巧克力在热水浴上融化。
混合并加热三种生巧各自指定量的糖浆和牛奶。

制作白巧克力生巧

2 将糖浆牛奶分两次加入融化的白巧克力中。用橡皮刮刀搅拌均匀，使之乳化。

3 分几次加入Kiri奶油芝士，每次都要搅拌均匀后再继续加。

小山进TIPS 添加Kiri奶油芝士可以调节乳化过程中的水分含量。所以一定要保证混合均匀，这样乳化才能更充分。

4 趁热装入裱花袋中，挤进模具中。
冷冻2小时至凝固。

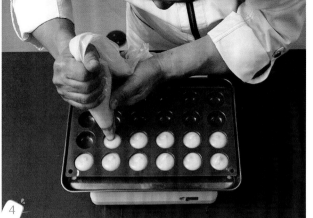

制作牛奶巧克力生巧

5　a.b.分三次将糖浆牛奶加入融化的牛奶巧克力中，其他步骤与制作白巧克力生巧相同。

> 小山进TIPS 乳化的关键点取决于可可脂的含量。可可脂含量越高，乳化所需的水就越多。

制作黑巧克力生巧

6　a.b.将糖浆牛奶分两次加入融化的黑巧克力中。用橡皮刮刀搅拌均匀，使之乳化。
一定要用力搅拌，让原本粗糙的质地变得细腻光滑。
其他步骤与制作白巧克力生巧相同。

> 小山进TIPS 黑巧克力由于成分中不含有奶粉，所以比白巧克力或牛奶巧克力需要更多的水来乳化。

装盘

7　凝固后，将巧克力从模具中取出。

8　撒上可可粉。

9　开吃。

> 小山进TIPS
> - 用糖浆可以让生巧咬起来有焦糖般的口感。
> - 巧克力在50℃左右较易乳化，所以在处理巧克力时要以这个温度为准。
> - 如果不乳化或乳化不充分，可可脂会分离，就得不到焦糖般的口感。

RAW CHOCOLATE BITES

浓郁又细腻的
提拉米苏

在这个配方中，我用奶油芝士代替了普通提拉米苏常用的马斯卡彭，让这款提拉米苏吃起来更加丰富、有层次，口感也更加浓郁绵密。

食谱类型
甜点

食谱难度
3颗星

烹饪时间
52分钟

静置时间
3小时

食谱分量
5~6人份
（适用于
1400ml的模具）

所需食材

🥄 饼干

蛋黄…25g
白砂糖…10g
香草香精…0.2g
蛋清…45g
白砂糖…30g
低筋面粉…35g
咖啡香精…5g
糖粉（撒在表面）…适量

🥄 慕斯蛋糕体

蛋黄…25g
白砂糖…20g
水…20g
Kiri奶油芝士，室温软化…90g
35%淡奶油①…120g
吉利丁片…1.8g
35%淡奶油②…120g

🥄 意式蛋白霜

蛋清…40g

白砂糖…55g
水…18g

🥄 咖啡糖浆

意式浓缩咖啡…100g
白砂糖…25g

🥄 装饰用

现磨咖啡粉…适量
可可粉…适量

135

制作饼干

1 低筋面粉过筛。

2 将蛋黄、香草香精和10g白砂糖混合在一起。

3 加入咖啡香精。

4 在另一个碗里，将蛋清打至软性发泡。然后分次一点一点加入30g白砂糖。

> 小山进TIPS 当打发至有光泽的硬性发泡状态，蛋白霜就制作完成了。

5 将蛋白霜拌入第三步的混合液，搅拌均匀。

6 分次一点一点加入低筋面粉，搅拌均匀。

a.装入裱花袋，在烤盘上
齐出圆饼状。
b.撒上糖粉。

> 小山进TIPS　如果是打
> 算做完就吃，甚至还能
> 尝到饼干上焦糖的酥脆
> 口感。

8　入烤箱170℃烘烤12分钟。

9　出炉后冷却备用。

🍃制作慕斯蛋糕体

10 a.将吉利丁片放入一碗冷
水中浸泡至软化。
b.在锅中将水和20g白砂糖煮
沸。在碗中加入蛋黄和煮好的
糖水。

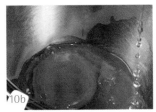

11 在热水浴的碗中打发蛋黄
液，直到出现蓬松且微微发白
的泡沫。

12 过滤吉利丁片，加入装有
蛋黄的热水浴碗中。加入60g
淡奶油①混合均匀。

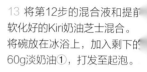
13 将第12步的混合液和提前软化好的Kiri奶油芝士混合。将碗放在冰浴上，加入剩下的60g淡奶油①，打发至起泡。

14 制作意大利蛋白霜：a.将水和白砂糖加热至糖充分溶解。b.在另一个碗中，将蛋清打发至坚挺稳定，然后慢慢加入糖浆。

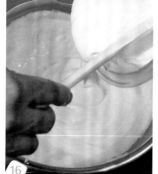
15 a.将碗放在热水浴上，继续打发。
b.打发直至呈现有光泽的硬性发泡状态。

16 打发120g淡奶油②后，加入第13步的混合液中搅拌均匀。再拌入第11步的蛋黄液，混合均匀。

17 最后，拌入意式蛋白霜混合均匀，慕斯蛋糕体完成。

☕ 制作咖啡糖浆

18 将浓缩咖啡和白砂糖混合均匀。

装盘

19 将慕斯装进裱花袋，在模具底部挤上第一层，然后在上面摆上饼干。在饼干上刷上满满的咖啡糖浆。

20 再挤一层慕斯，上面摆饼干，刷上咖啡糖浆。

21 最后再挤一层慕斯。抹平表面，冷藏3小时。

22 从冰箱里取出提拉米苏，撒上咖啡粉和可可粉。

23 完成！冷藏储存，要吃的时候再拿出来。

RICH & CREAMY
TIRAMISU

吃了就会爱上的
瑞士卷

在这个配方中，奶油芝士不仅能代替奶油，还能代替黄油。松软的蛋糕和绵密的奶油简直是绝配，还加入了好吃的水果，一口就爱上。

食谱类型 甜点	食谱难度 3颗星	烹饪时间 1小时5分钟	静置时间 15分钟	食谱分量 可做1个卷或8片（每片4.5cm）

所需食材

🍰 **海绵蛋糕**
（38cm×29cm模具适用）

蛋黄…160g
白砂糖…40g
蛋清…190g
白砂糖…45g+45g
低筋面粉…90g
牛奶…60g
Kiri奶油芝士…40g

🍰 **Kiri卡仕达酱**

牛奶…100g

香草荚…0.4g
Kiri奶油芝士…40g
蛋黄…30g
白砂糖…30g
低筋面粉…6g
玉米淀粉…6g
无盐黄油…12g

🍰 **外交官奶油**

Kiri卡仕达酱…90g
35%淡奶油，打发至坚挺稳定…10g

🍰 **Kiri香缇奶油**

Kiri奶油芝士…72g
白砂糖…32g
35%淡奶油…240g

🍰 **装饰用**

香缇奶油…适量
自选水果（草莓、芒果、蓝莓、覆盆子等）…适量
糖粉…少许
薄荷叶…少许

制作海绵蛋糕

1　过筛面粉。

> 小山进TIPS 过筛不仅可以去除面粉中的结块，还能筛入空气，让面粉更蓬松。

2　在微波炉中将牛奶和Kiri奶油芝士加热到60℃。搅拌至光滑无结块。

3　在热水浴上，高速搅拌蛋黄和40g白砂糖。质地变蓬松后，改用低速搅拌，直到呈现出慕斯状。

4　制作法式蛋白霜。将蛋清搅打至蓬松发泡。

5　加入45g白砂糖继续搅打，打至体积变为两倍大。

6 a.加入剩余45g白砂糖，继续打发。
b.打至有光泽的硬性发泡状态。

7 将一半蛋白霜拌入蛋黄液中。

小山进TIPS 从第7步到第10步，加入食材的顺序很重要。

8 轻轻搅动过筛的面粉，逐步加入面粉，搅拌均匀。

9 拌入剩下的蛋白霜。

10 加入牛奶和Kiri搅拌均匀。

11 烤盘（38cm×29cm）内垫上烘焙纸，倒入蛋糕糊，表面抹平。180℃烘烤20分钟。

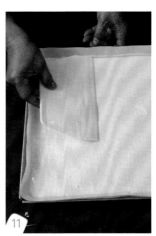

✍ 制作Kiri卡仕达酱

12 低筋面粉和玉米淀粉过筛。

13 小火煮沸牛奶、Kiri奶油芝士、香草荚和白砂糖。

14 将蛋黄和白砂糖混合搅拌至溶解，防止空气过多进入。拌入过筛的低筋面粉和玉米淀粉。

15 在蛋液中加入一半牛奶芝士混合液，搅拌均匀。过滤去掉香草荚。放凉至58℃。

16 将剩余的牛奶煮沸后，再一次性加入之前的混合物。

> 小山进TIPS 混合时的温度必须超过80℃，这一点很重要。达到这个温度后，蛋黄可以被煮熟，低筋面粉和玉米淀粉也会凝固，从而做出好吃的卡仕达酱。

17 降至中火，改用橡皮刮刀继续充分搅拌，直到快沸腾、质地变浓稠顺滑。

18 熄火后，加入黄油搅拌。

19 移到放在冰浴上的碗里。搅拌均匀，直至冷却。

🍦 制作外交官奶油

20 稍稍搅拌松弛卡仕达酱，拌入打发的奶油，装入裱花袋。

🍦 制作Kiri香缇奶油

21 在碗中，将常温软化后的Kiri奶油芝士和白砂糖混合均匀。
慢慢加入淡奶油，避免结块。

小山进TIPS 事先将Kiri奶油芝士和白砂糖混合，可以帮助降低结块的可能。

22 白砂糖化开后准备打发。在冰浴碗中打发至形成硬性发泡，装进裱花袋。

 组合

23 海绵蛋糕烤好后，脱模取出，放在冷却架上，剥下烘焙纸。

> 小山进TIPS 从边角开始剥掉烘焙纸，可以防止蛋糕收缩。

24 将蛋糕放在一块新的烘焙纸上。

25 在整块蛋糕上铺上Kiri香缇奶油。

26 在蛋糕最靠近你的一侧挤一条外交官奶油。

27 a.从离你最近的一边开始把蛋糕卷起来。
b.卷好成形。

> 小山进TIPS 海绵蛋糕冷却到室温后就可以立刻开始卷，如果冷却太久，卷的时候容易开裂。

28 按照4.5cm左右一片的宽度切开。

29 接着在每片中间切一个裂口。

30 移至盘中，撒上糖粉。

31 在每片蛋糕的裂口中挤上香缇奶油。

32 用水果和薄荷叶装饰好就完成了。

小山进TIPS 为了避免奶油塌陷，可以在切水果的时候把瑞士卷放进冰箱。

具有日式风味的

带视频

臻品抹茶芝士蛋糕

这款臻品芝士蛋糕中使用了奶油芝士以及日本饮食文化中不可缺少的抹茶。搭配柚子酱或百香果酱一起吃也很不错！

食谱类型
甜点

食谱难度
3颗星

烹饪时间
52分钟

静置时间
2小时

食谱分量
可做4个
（280ml的杯子）

所需食材

⌂ 芝士慕斯

Kiri奶油芝士…70g
抹茶粉…3.5g
牛奶…210g
蛋黄…45g
白砂糖…12g+45g
35%淡奶油…210g
吉利丁片…4.5g

⌂ 抹茶手指饼干

蛋黄…30g
白砂糖…10g
蛋清…55g
白砂糖…42g
低筋面粉…42g
抹茶粉…3g
糖粉…适量

⌂ 抹茶酱

抹茶粉…3g
热水…40g
白砂糖…11g

1　a.抹茶粉与12g白砂糖过筛。
b.蛋黄与其余的白砂糖糖混合。将吉利丁片在冷水中浸泡5分钟。

2　将牛奶煮到几近沸腾的状态，倒一点在鸡蛋液中搅拌。

3　锅中加入蛋液与牛奶，温度保持在80℃。注意蛋奶液不要煮得太熟，否则会碎。

4　拌入过滤后的吉利丁液。

5　过滤并冷却至40℃，成芝士糊。

6　将室温软化后的Kiri奶油芝士、抹茶粉和白砂糖混合搅拌。

7　a.分次将芝士糊加入到锅中的抹茶混合物里，搅拌均匀，温度保持在40℃。
b.当混合物没有任何结块时，在冰浴中进行冷却。

3 将淡奶油在冰浴碗中打发。

小山进TIPS 用打蛋器
重复打圈这一动作，将
空气打入奶油中。

9 将打发的奶油加入抹茶混
合物中（抹茶混合物的温度应
该在20℃左右），芝士蛋糕糊
准备完成。

10 将120g上述芝士蛋糕糊倒
入4个玻璃杯中。

🍵 制作抹茶酱
11 将白砂糖和抹茶粉混合。
倒入热水，大力搅拌。

🍵 制作抹茶手指饼干
12 将抹茶粉与面粉一起过筛。

13 将蛋黄和10g白砂糖混合
搅拌均匀成蛋黄酱。

14 制作法式蛋白霜：将蛋清打至发泡，加入21g白砂糖。

15 再加入21g白砂糖，继续打发至呈现有光泽的硬性发泡状态。

16 将蛋白霜放入蛋黄酱中搅拌。

17 拌入干料（抹茶粉+面粉）。

18 装进裱花袋中，挤出条状饼干。

19 撒上糖粉。

20 a.入烤箱180℃烘烤12
分钟。
b.烘烤成形。

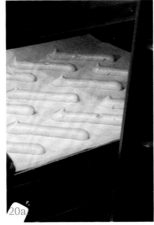

21 在芝士蛋糕上浇上一勺抹
茶酱，即可与抹茶饼干一起上
桌享用。

如何储存抹茶粉

- 抹茶在光照下会氧化变色。不仅颜色发生变化，味道也会变淡。因此，必须
将抹茶存放在避光容器中。
- 称好配方所需的抹茶量后，用铝箔纸包住碗，避免光照。

MATCHA RARE
CHEESECAKE

法式甜点
芝士派

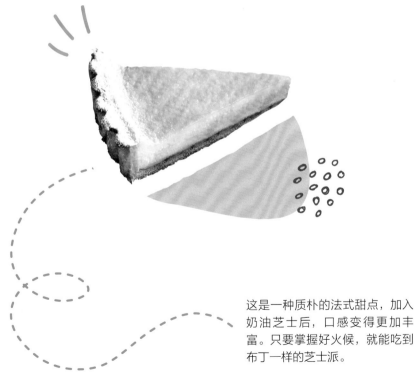

这是一种质朴的法式甜点，加入奶油芝士后，口感变得更加丰富。只要掌握好火候，就能吃到布丁一样的芝士派。

食谱类型
甜点

食谱难度
3颗星

烹饪时间
1小时50分钟

静置时间
3小时

食谱分量
适用于约8吋
（直径21cm）
的派盘

所需食材

🥣 酥皮（派皮）

无盐黄油，室温软化…90g
白砂糖…43g
盐…1.5g
香草糖…0.5g
全蛋液…30g
低筋面粉…100g
高筋面粉…25g
杏仁粉…20g

🥣 馅料

Kiri奶油芝士，室温软化…95g
白砂糖…50g
低筋面粉…7g
全蛋液…80g
35%淡奶油…195g

🥣 蛋液（刷在派表面）

蛋黄…9g
35%淡奶油…6g

🥣 装饰用

糖粉…适量

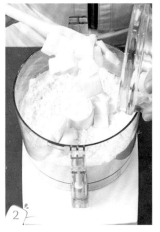

制作派皮

1　在料理机中加入面粉、杏仁粉、香草糖、白砂糖、盐。搅拌几次，使干料混合。

2　加入黄油，再次混合。

小山进TIPS 这里的要点是在加入任何液体之前，先将干料与黄油混合，因为黄油与面粉结合，可以延缓面筋的形成。如果你的面团里有太多的面筋，它就会变得很硬，而不是脆脆的口感。

3　最后加入全蛋液，搅拌至没有面粉小颗粒。

4　放到盖有保鲜膜的盘子里，包紧成长方形。冷藏2~3小时（或者过夜也可以）。

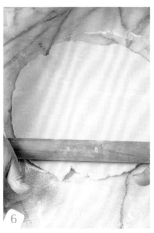

5　将冷藏后的面团撒上面粉，用擀面杖轻轻捣软擀开。

小山进TIPS 尽量避免用手过多地接触面团，这会使面团变热。

6　将面团擀开，边擀边旋转。将擀好的面皮用保鲜膜盖住，防止面皮变干，冷藏20~30分钟，直到面皮凉透。

7 将烘焙纸剪出一个比模具稍大的圆，并在面皮上戳一些孔。

8 擀开面皮，放入模具。

9 轻轻地按住面皮周围，边按边转锅。尽量避免面皮在模具中有重叠。

10 用擀面杖在模具上面滚一滚，把多余的面皮切掉。

小山进TIPS 不要把剩下的面皮扔掉，既可以做装饰，也可以再用来做酥皮馅饼。

11 在面皮上铺上一张烘焙纸，放上烘焙石。入烤箱160℃烘烤20分钟左右。

12 20分钟后，取出烘焙石和烘焙纸。将派皮放回烤箱，160℃烘烤15分钟。

13 低筋面粉和白砂糖过筛。

14 a.将软化后的Kiri奶油芝士和上一步的面粉+白砂糖放入碗中，一起混合搅打。
b.每次加入一点点淡奶油，每次都要搅拌至完全混合。

小山进TIPS 先将奶油芝士和糖结合起来，渗透压会使奶油芝士变软，更容易与淡奶油混合。

15 接着加入全蛋液混合（不需要打入空气）。

16 过滤后移至碗中。

制作蛋液

17 将蛋黄和淡奶油混合均匀。过滤后备用。

18 a.在派皮上刷上做好的蛋液。
b.入烤箱200℃烘烤5分钟。

19 倒入馅料，入烤箱200℃烘烤20分钟。

小山进TIPS 可以把馅料填得满满的，但是不要溢出来。因为如果你把馅料洒在派皮外面，你的派可能会变得湿漉漉的。

20 将模具转移到冷却架上。

21 冷却后，从模具中取出，在派的边缘上撒一点糖粉。完成！

TARTE AU FROMAGE

萌萌的
草莓巴黎车轮泡芙

松脆的酥皮，浓郁的奶油，新鲜酸甜的草莓，表面还散落着杏仁的点缀，就是这道萌萌的草莓巴黎车轮泡芙。

食谱类型　　食谱难度　　烹饪时间　　食谱分量
甜点　　　　4颗星 /　　1小时30分钟　可做2个（直径
　　　　　　专业级　　　　　　　　　　约14cm）

所需食材

🥐 泡芙酥皮

牛奶…50g
水…50g
发酵黄油…50g
白砂糖…3g
盐…1.5g
低筋面粉，过筛…63g
全蛋液…95g

全蛋液（刷在表面）…适量
白砂糖…15g
杏仁碎…80g

🥐 Kiri卡仕达酱
（易于准备的分量）

牛奶…100g
香草荚…0.4g
Kiri奶油芝士…40g
蛋黄…30g
白砂糖…30g
低筋面粉…6g
玉米淀粉…6g
无盐黄油…12g

🥐 杏仁外交官奶油

Kiri卡仕达酱…110g
杏仁酱…30g
35%淡奶油…30g

🥐 Kiri香缇奶油

Kiri奶油芝士…50g
白砂糖…25g
35%淡奶油…160g

🥐 开心果香缇奶油

开心果酱…15g
35%淡奶油…135g
白砂糖…10g

🥐 装饰用

草莓，切半…16个
糖粉…适量

制作Kiri卡仕达酱

1　低筋面粉和玉米淀粉一起过筛。

2　小火加热牛奶和Kiri奶油芝士，加入香草荚和少许白砂糖。

3　将蛋黄和剩下的白砂糖一起打散。糖溶化后，加入过筛的低筋面粉和玉米淀粉搅拌。

4　将牛奶芝士混合液煮沸，然后将一半的混合液（包括香草荚）加入蛋液中。乳化充分后过滤，挑出香草荚。

5　将剩余的牛奶煮沸后，再一次性加入之前的混合物，用力搅拌均匀。冷却至58℃。

小山进TIPS　混合时的温度超过80℃，这非常重要。达到这个温度，蛋黄可以被煮熟，低筋面粉和玉米淀粉也会凝固，从而做出美味的卡仕达酱。

6　改为小火加热，用橡皮刮刀继续搅拌至顺滑黏稠。

7 熄火后，加入黄油搅拌
均匀。

8 转移到冰浴碗上，充分搅
拌直到冷却。

🍳 制作泡芙酥皮

9 用中火，将水、牛奶、黄
油、盐、白砂糖煮沸。
在另一个碗里，将全蛋液放在
热水浴上，搅拌至50℃，搅拌
时注意不要让鸡蛋煮熟。

10 上一步的混合液煮沸后，
离火，一次性加入过筛的面
粉，使其形成面糊。开中火煮
开面糊，去除面糊中多余的
水分。

> 小山进TIPS 当面糊会
> 在锅底留下薄薄一层膜
> 时，就可以了（如果你
> 用的是不锈钢锅）。

11 分次一点点在面糊中加入
温热的全蛋液，每次都要检查
是否乳化到位。

12 面糊做好后，放入裱花袋
中，在烤盘上挤出两个圆（所
要挤出的圆大小为直径14cm
左右）。

13 刷上蛋液。

14 用叉子将表面抹平。

15 在上面撒上杏仁碎（如果想要造型整齐，可以用模具来帮忙）。

16 在杏仁碎上撒上一层白砂糖。

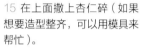

17 入烤箱，200℃烘烤30分钟，然后将烤箱降至180℃，再烘烤15分钟。

18 a.b.c.出炉后，立即切成两半。

小山进TIPS 放在冷却架上散热，使酥皮保持松脆的状态。

🍃 制作杏仁外交官奶油

19 在冰浴上，将淡奶油打发至坚挺稳定。

20 用橡皮刮刀稍稍松弛卡仕达酱。

> 小山进TIPS 注意不要破坏卡仕达酱的紧致度，否则会改变口感，无法呈现饱满的味道。

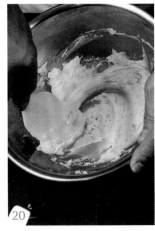

21 拌入杏仁酱。

22 a.拌入打发后的淡奶油。b.混合均匀。冷藏20分钟后装进裱花袋。

> 小山进TIPS 冷藏之后会更便于使用。

🍃 制作开心果香缇奶油

23 将开心果酱和白砂糖放入碗中，加入少许淡奶油搅拌均匀。

> 小山进TIPS 当混合开心果酱和淡奶油时，要确保已经乳化到位。如果不进行乳化，打发时会容易破裂。

24 加入剩下的淡奶油，打发至坚挺稳定。装进裱花袋中。

制作Kiri香缇奶油

25 将淡奶油与Kiri奶油芝士、白砂糖混合。

26 打发至坚挺稳定，装进裱花袋中。

装盘

27 将烘烤过程中掉落下来的杏仁碎撒在放在下面的半个泡芙酥皮上。

28 挤一层外交官奶油。

29 挤一层开心果香缇奶油。

30 挤一层Kiri香缇奶油。

31 加入切好的草莓。

32 撒上糖粉。

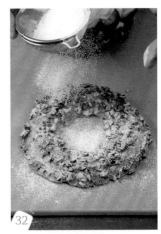

33 盖上另一半泡芙酥皮即可。

如何处理奶油

- 想要获得蓬松轻盈的奶油？这些基础知识你必须知道。
- 打发奶油首先要分解奶油中的脂肪球，使空气和脂肪结合在一起。这就是打发奶油的基本原理。
- 黄油是通过分解奶油中的脂肪来制作的，不需要加入空气。但要想制作出蓬松轻盈可口的鲜奶油，你需要用打蛋器稳定地加入空气，打发奶油。
- 在冰浴上打发奶油也很重要，这样奶油中的脂肪球才不会融化。如果脂肪球融化，奶油将没办法被打发，反而会分离变成黄油。所以打发奶油的时候必须要保持低温。
- 在淡奶油中加入Kiri时，摩擦阻力会更大，所以要更加仔细打发。

STRAWBERRY
PARIS-BREST

爱心满满

带视频

芝士舒芙蕾

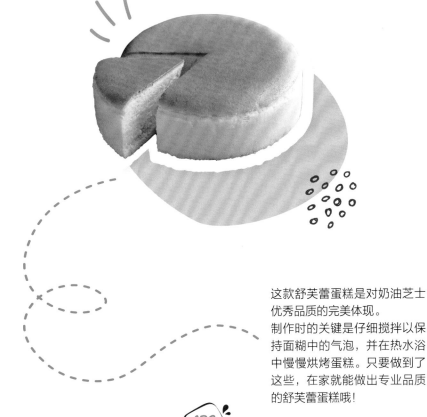

这款舒芙蕾蛋糕是对奶油芝士优秀品质的完美体现。
制作时的关键是仔细搅拌以保持面糊中的气泡，并在热水浴中慢慢烘烤蛋糕。只要做到了这些，在家就能做出专业品质的舒芙蕾蛋糕哦！

食谱类型
甜点

食谱难度
4颗星 /
专业级

烹饪时间
2小时20分钟

静置时间
3小时

食谱分量
适用于1个
5吋模具

所需食材

🥧法式海绵蛋糕底

全蛋液…130g
白砂糖…75g
温热的蜂蜜…7g
糖浆…7g
低筋面粉…75g
无盐黄油…10g
牛奶…18g

🥧芝士舒芙蕾

Kiri奶油芝士…195g
牛奶…120g
35%淡奶油…15g
无盐黄油…27g
蛋黄…53g
白砂糖…15g
低筋面粉，过筛…10.5g

甜白葡萄酒（苏玳）…9g
甜白葡萄酒可以省略，也可以用白
葡萄汁代替。
蛋清…53g
白砂糖…38g

制作法式海绵蛋糕底

1 a.面粉过筛。
b.将牛奶和黄油加热到70℃
（加入其他材料时，混合温度
应该是70℃）。

小山进TIPS 筛面粉不
仅可以去掉面疙瘩，还
可以帮助加入空气。

2 在热水浴碗中，将全蛋液
和白砂糖打发到轻盈、充满空
气的发泡状态。

小山进TIPS 开始时用
高速打发，待鸡蛋变淡后
从热水浴中取出，逐渐降
低速度打至发泡。

3 加入蜂蜜和糖浆，搅拌
均匀。

4 换一个大碗，将过筛的面
粉分次拌入上一步的混合物，
直到拌匀。

5 加入温热的牛奶和黄油。

6 放入5吋(直径15cm)模具
中，垫上烘焙纸。
170℃烘烤30分钟。

小山进TIPS 这里不要
使用有硅涂层的烘焙纸。

7 a.从烤箱中取出烤盘后，马上在台面上敲几下脱模。
b.从烤盘上取下海绵蛋糕到冷却架上。

8 冷却后，切成1cm厚的蛋糕片。

小山进TIPS 用陶瓷刀可以切得更干净。

9 5吋模具垫上烘焙纸，将1cm厚的蛋糕片放在模具底部。

小山进TIPS 这片法式海绵蛋糕底可以帮助舒芙蕾烤制得更加均匀。

🥄 制作芝士舒芙蕾

10 中火加热淡奶油、牛奶和黄油。

11 在碗中将蛋黄、15g白砂糖和过筛的面粉混合。

12 将一半的奶油混合液倒入蛋液中，搅拌乳化。

13 将混合乳化液倒回剩下一半的奶油混合液的锅中。用中火慢慢加热，并交替使用橡皮刮刀和打蛋器搅拌，防止结块。

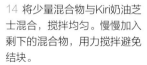
小山进TIPS 慢慢加热，务必要保证混合物在加热过程中光滑没有结块。

14 将少量混合物与Kiri奶油芝士混合，搅拌均匀。慢慢加入剩下的混合物，用力搅拌避免结块。

15 加入葡萄酒，冷却至40℃。

16 制作法式蛋白霜：将蛋清打至发泡。慢慢加入一半的白砂糖（19g）。

17 加入余下的白砂糖（19g），搅拌至蛋白霜呈现有光泽的硬性发泡。

18 a.在混合物中加入一部分蛋白霜，搅拌均匀。
b.再加入剩下的蛋白霜，直到充分融合。

小山进TIPS 蛋白霜会随时间逐渐塌陷，因此打发后要尽快用掉。

19 将混合物盖在模具中的海绵蛋糕底上方。

小山进TIPS 这里可以使用有硅涂层的烘焙纸。

20 将混合物均匀推开，表面抹平。

21 在160℃的水浴中入烤箱烘烤1小时。

小山进TIPS 水浴中注入充足的热水，在模具浮起前停止。

22 从烤箱中取出并连着模具冷却30分钟至1小时。再冷藏1~2小时。
取下模具和烘焙纸，可以吃了！

如何使用烘焙纸

– 请务必在模具底部使用两层烘焙纸。
– 烤制时，如果温度太高，底部会烤得过熟。
– 为了避免蛋糕底部过热，请在烘烤芝士舒芙蕾和海绵蛋糕时铺上两层烘焙纸。

FULL OF KINDNESS
SOUFFLE FROMAGE

关于蛋白霜的
小贴士

🐦 本书中使用的不同类型的蛋白霜

– 法式蛋白霜：将糖和蛋清打发至坚挺。

– 意式蛋白霜：在打发蛋清的同时，慢慢加入加热到118℃的糖浆。

🐦 由于蛋清和糖的比例不同，蛋白霜的使用方式也有差别

– 含糖量低的蛋白霜：我会在蛋糕中去使用，比如卷类的蛋糕。制作这种蛋白霜，要用冷藏在冰箱里的冷蛋清。

– 含糖量高的蛋白霜：我会用于马卡龙和舒芙蕾。这种情况下，就可以使用室温的蛋清制作了。

🐦 如何打发蛋清

– 首先，让蛋清更加松弛。

– 为了制作出轻盈蓬松的蛋白霜，分次加入糖，每次约加入重量的10%。

– 例如，用100g蛋清和50g白砂糖制成的蛋白霜，分5次加入白砂糖，每次10g。

🐦 制作蛋白霜时需要注意的事项

– 如果蛋清中沾上哪怕一点油，也不会起泡。在称量准备时，要确保混合物中没有蛋黄。在打发时，要确保使用的工具上没有油。

– 当蛋白霜做好后，一定要讲究速度。随着时间的流逝，蛋白霜的状态会逐渐变差。在其他材料准备好后再去制作蛋白霜，这样就可以在完成后立刻使用。

尽情尝试

杏子芝士马卡龙

在基础的马卡龙中加入奶油芝士和绵密的白巧克力甘纳许，就是我吃过的最棒的马卡龙。这次我加了一点杏子果酱，你也可以尽情尝试自己喜欢的水果果冻。

 食谱类型
甜点

 食谱难度
4颗星 /
专业级

 烹饪时间
55分钟

 静置时间
1小时

 食谱分量
可做15个

所需食材

马卡龙

蛋清…80g
白砂糖…60g
杏仁粉…80g
糖粉…100g

白巧克力甘纳许

35%淡奶油…25g
转化糖浆（如果没有可用蜂蜜
代替）…15g
糖浆…12g
Kiri奶油芝士…70g
白巧克力，融化后保温…50g
柠檬汁…4g

杏子果酱

杏子果干（半干的）…20g
白砂糖…15g
水…15g
杏子果泥…15g
杏子利口酒（杏子甜酒）…2g

 182

⚗ 制作杏子果酱

1 将白砂糖、水和杏子果干放入微波炉中加热。

2 a.加入杏子果泥和杏子利口酒,搅拌至光滑。
b.装进裱花袋中冷藏备用。

⚗ 制作白巧克力甘纳许

3 在微波炉中加热糖浆、转化糖浆、淡奶油和Kiri奶油芝士,混合均匀成奶油芝士糊。在另一个碗中融化白巧克力。

4 将奶油芝士糊一点一点地加入融化的白巧克力中搅拌。搅拌均匀,使它充分乳化。加入柠檬汁。
装进裱花袋中冷藏1小时。

⚗ 制作马卡龙

5 杏仁粉和糖粉混合,过筛。
制作蛋白霜:蛋清打至微微发泡,分两次加入白砂糖并继续打发。
打到表面富有光泽,同时形成硬性发泡即完成。

6 将干料一点一点地加入蛋白霜中。

7 装进裱花袋中，挤出30个马卡龙（直径约4cm）。

8 入烤箱200℃烘烤1~2分钟，然后将烤箱温度降至160℃，烘烤8~9分钟（总烘烤时间：10分钟）。

9 将烤制好的马卡龙转移到架子上冷却。

10 在其中15个马卡龙上涂上白巧克力甘纳许。

11 挤一些杏子果酱到甘纳许的中心。

12 盖上另一半马卡龙，完成。

APRICOT AND KIRI
MACARONS

天鹅绒般的口感
半熟芝士挞

入口后感受像天鹅绒一样的慕斯口感，既可以常温吃，也可以冰着吃哦。

食谱类型 甜点	食谱难度 4颗星 / 专业级	烹饪时间 54分钟	静置时间 7小时	食谱分量 可做10个 （直径6cm蛋挞 模具）

所需食材

挞皮

无盐黄油，室温…90g
白砂糖…43g
盐…1.5g
香草糖…0.5g
全蛋液…30g
低筋面粉…100g
高筋面粉…25g
杏仁粉…20g

卡仕达酱（易于准备的分量）

牛奶…100g
香草荚…0.6g
蛋黄、白砂糖…各25g
吉士粉、低筋面粉…各5g
kiri奶油芝士…40g

Kiri芝士慕斯

Kiri奶油芝士…210g
35%淡奶油…20g
有盐黄油…8g

吉利丁片…2g
制作好的卡仕达酱…40g

意式蛋白霜

蛋清…55g
白砂糖…60g
水…20g

装饰用（刷在表面）

蛋黄、35%淡奶油…各10g
糖粉…4g

🥣 制作挞皮

1 在食品处理机中，加入面粉、杏仁粉、白砂糖、香草糖和盐。搅拌几次，使干料混合。

2 加入黄油，再次混合搅拌。

> 小山进TIPS 这里的要点是在加入液体之前，先将干料与黄油混合，黄油与面粉结合可以减缓面筋的形成。如果你的面团里有太多的面筋，它就会变得很硬，难以形成酥脆的口感。

3 最后加入全蛋液，搅拌至无粉状颗粒。

4 转移到盖有保鲜膜的盘子里，包紧成长方形。冷藏2～3小时（或者过夜也可以）。

5 将冷藏后的面团撒上面粉，用擀面杖轻轻捣软，擀开。

> 小山进TIPS 尽量避免用手过多接触面团，否则容易导致面团变热。

6 边擀边转动面饼，让它厚度相对均匀。
将面饼移到托盘上，包上保鲜膜防止干燥，冷藏20~30分钟。

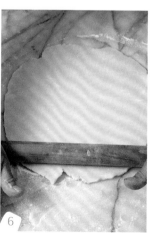

7 拿出冷藏后的面饼，切出一个比模具要大几厘米的圆。用滚针扎孔器或叉子在面饼上扎出小孔。

8 a.用圆形模具在面饼上切出圆饼皮。
b.将圆饼皮放入挞模中，轻轻地按住一侧，一边放一边转动模具。尽量避免模具内的面饼重叠。

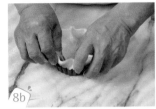

9 用刀将多余的面饼切下。挞皮放在冰箱里静置1小时。

> 小山进TIPS 不要把剩下的面饼扔掉，可以用来做装饰，也可以再用来做各种馅饼和派。

10 在每个模具上加一层烘焙纸，放上烘焙石。
入烤箱160℃烘烤20分钟左右。

11 20分钟后，打开烤箱，取出石头和烘焙纸。将挞皮以160℃的温度再烤15分钟。
挞皮再次进行烘烤，可以使得挞皮底部和侧面烤得更加均匀。

12 开小火，在锅中将牛奶和Kiri奶油芝士混合加热。加入香草荚和少许白砂糖。

13 将蛋黄和其余的白砂糖一起打散。过滤。

14 a.在蛋液中加入低筋面粉和吉士粉。
b.搅拌均匀。

15 在装有蛋液的碗中加入一半的牛奶芝士混合液。搅拌均匀后过滤，取出香草荚。

16 将第15步的混合物加入到装有牛奶的锅中，不断搅拌直到顺滑浓稠。

17 卡仕达酱做好后，离火备用。

18 将淡奶油和黄油用微波炉加热。
将吉利丁片放入冷水碗中，静置浸泡至软，备用。
将Kiri放入微波炉中加热软化。

19 当吉利丁片变软后，加入温热的淡奶油和黄油。搅拌至溶解。

20 稍稍搅拌松弛40g温热的卡仕达酱，加入第19步的奶油混合物，搅拌。

21 a.将软化后的Kiri奶油芝士加入其中。
b.搅拌均匀。

22 制作意式蛋白霜：在锅中加入水和白砂糖，煮沸。

23 将碗放在冰浴上，加入蛋清。搅打至轻盈发泡，然后慢慢加入热糖浆。继续打发直到蛋白呈现有光泽的硬性发泡状态。

小山进TIPS 制作意式蛋白霜时，速度和时间是关键。

24 a.在第21步的混合液中加入意式蛋白霜。
b.翻拌均匀。

25 装进裱花袋，挤入蛋挞皮中。冷冻约3小时直到充分凝固。

🍃 烘烤

26 将装饰用材料混合，过滤。

27 取出冷却变硬的芝士挞，将装饰用蛋奶液刷在表面。

28 入烤箱240℃烘烤3.5分钟。

29 烤至金黄色时从烤箱中取出，冷藏30分钟使其冷却。

小山进TIPS 我更喜欢用冷冻室来储存蛋挞，可以提高蛋挞的光泽度和颜色。

30 冷却后，即可食用。

小山进TIPS 因为本身就是冷藏甜品，所以也可以冰着吃哦。

CHILLED
SEMIFREDO TARTLETS

Kiri

饮品
DRINKS

"小白"也做得好的
芒果冰沙

奶油芝士为这款芒果冰沙带来了奶昔一般丝滑的口感。除了芒果，也可以用你喜欢的水果来做，用来做夏天的早餐再合适不过。

 食谱类型
饮品

 食谱难度
1颗星

 烹饪时间
15分钟

 食谱分量
2人份

所需食材

🍹 冰沙

冷冻芒果…225g
香草冰激凌…90g
水…240g
Kiri奶油芝士…90g

蜂蜜…36g
柠檬汁…7g
冰块…210g

🍹 芒果酱

新鲜芒果（切块）…80g
白砂糖…8g
柠檬汁…3g

> 小山进TIPS 可以随意使用自己喜欢的水果。

制作芒果酱

1 a.用搅拌机将芒果、柠檬汁、白砂糖搅拌至光滑。
b.搅拌好的芒果酱盛出备用。

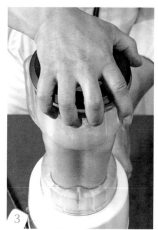

制作冰沙

2 将冷冻芒果、香草冰激凌、Kiri奶油芝士、蜂蜜、柠檬汁、水和冰块放入料理机混合。

3 搅拌均匀，呈现出雪芭一样的状态。

4 将冰沙倒入两个杯子中。

5 加入几勺芒果酱，完成！

SILKY MANGO
SMOOTHIE

浓香醇厚
芝士奶茶

浓香的伯爵奶茶中加入了醇厚的奶油芝士，这种茶与姜、肉桂、肉豆蔻等香料很搭配。

食谱类型	食谱难度	烹饪时间	静置时间	食谱分量
饮品	1颗星	20分钟	1小时10分钟	2人份

所需食材

❥ 奶茶

水…450g
阿萨姆茶…15g
汝南锡兰红茶…10g
牛奶…150g
白砂糖…15g

❥ Kiri香缇奶盖

35%浓奶油…170g
Kiri奶油芝士 …65g
白砂糖…20g

1 将水煮沸。从火上移开，加入茶叶。盖上盖子，浸泡5分钟。
加入牛奶后重新开火加热，直到沸腾。

2 过滤两遍，保证滤掉所有茶叶。

3 加入白砂糖搅拌，等到冷却后放入冰箱冷藏。

制作Kiri香缇奶盖

4 将软化的Kiri奶油芝士与白砂糖混合。用打蛋器一点一点地加入浓奶油搅拌，直到完全融合。

5 a.在冰浴上将混合物打发。
b.打发至质地略微变厚。

6 将冷藏过的奶茶倒入杯中，加上Kiri香缇奶盖即可。

KIRI CREAM
MILK TEA

图书在版编目（CIP）数据

烘焙大师小山进的西餐与甜点 /（日）小山进著 . —
北京：中国轻工业出版社，2023.11
ISBN 978-7-5184-3450-3

Ⅰ.①烘… Ⅱ.①小… Ⅲ.①西式菜肴—食谱 ②甜食
—食谱 Ⅳ.① TS972.188 ② TS972.134

中国版本图书馆 CIP 数据核字（2021）第 055430 号

责任编辑：张　弘　　责任终审：高惠京　封面设计：王超男
版式设计：锋尚设计　责任校对：晋　洁　责任监印：张京华

出版发行：中国轻工业出版社（北京东长安街6号，邮编：100740）
印　　刷：北京博海升彩色印刷有限公司
经　　销：各地新华书店
版　　次：2023年11月第1版第4次印刷
开　　本：880×1230　1/32　印张：6.5
字　　数：200千字
书　　号：ISBN 978-7-5184-3450-3　定价：98.00元
邮购电话：010-65241695
发行电话：010-85119835　传真：85113293
网　　址：http://www.chlip.com.cn
Email：club@chlip.com.cn
如发现图书残缺请与我社邮购联系调换
231748S1C104ZBW